環境・健康改善の特効剤
「腐植土・フルボ酸」の基本と応用

鈴木邦威 著

セルバ出版

はじめに

人は、誰でも健康で長生きしたいと望んでいます。しかし、医療進歩の一方で変貌した病原体が増えて病原体治療を困難にしたり、栄養過剰で生活習慣病も増えたりなどの問題も発生しており、安全と安心に不安を抱くことが多くなっています。

人々が安心して健康に生活できるようにするには、医療や食糧の安心と安定が必要なのは当然ですが、地球環境に損失を提供する諸問題も改善されなければなりません。

例えば、地球温暖化、水資源、酸性雨、砂漠化、などの諸問題の地球環境問題は人類生存に関わることはいうまでもないことです。

最も恐れるのは、地球の歴史上で過去５回の生物絶滅期があったことから、いつか人類絶滅に直面しないかという危惧です。

その危惧を取り除くためには、地球環境の保全が大事であり、その環境保全のもとで安全で安心、健康な生活が保障されなければなりません。

筆者は、排水処理からスタートして、環境業務に関わること 50 年近くなりますが、いま、環境と健康には特に関心を深めています。

環境と健康は、文字で表すと別々に書くことになりますが、環境の文字の裏には健康の文字が見え、健康の文字の裏には環境の文字が見えるのが筆者の心境です。

本書で取り上げた腐植土とフルボ酸は、自然生態系の産物で環境改善と健康促進には特効剤であり、自然生態系で生産されるのは僅かで貴重品といえるものです。

腐植土 (フミン酸とフルボ酸を含む土壌) を利用して、排水処理、脱臭、抗菌・消臭、畜産補助飼料などに応用開発をしながら、腐植土の特性についても研究を続けてきたところ、腐植土は動植物の生態保全や健康促進に欠くことのできない重要な資源であることを強く認識されられました。

腐植土を固体で使用すると、腐植酸 (フミン酸とも呼ぶ) とフルボ酸が主成分で、腐植抽出液として使用すると主にフルボ酸を含むので、抽出液はフルボ酸とも呼んでいます。

環境改善には主に腐植土を用い、健康促進には主にフルボ酸を用いることになります。

この腐植土とフルボ酸の応用技術に関する入門書を探してみましたが、意

図する書物を見つけることができませんでした。

　そこで、本書では、環境改善・健康促進に比較的多くの成果が得られた腐植土とフルボ酸の基本的な特性とその応用について、実用に役立つようにまとめることにしました。

　このことに理解を深めて、貴重な土壌資源である腐植土とフルボ酸を環境と健康に活用して、良い環境の中で人々が長生きできれば、筆者は嬉しい限りです。

　平成23年2月

　　　　　　　　　　　　　　　　　　　　　　　　　　　鈴木　邦威

環境・健康改善の特効剤「腐植土・フルボ酸」の基本と応用 目次

はじめに

❶ 土と腐植

1 土は人類や動物の生活環境 ……………………………… 10
2 腐植の形成 ……………………………………………… 13
3 湿原の泥炭と腐植 ……………………………………… 16
4 腐植は森林、湿原、農地、湖沼、堆肥に集積 …………… 19

❷ 土壌有機物の腐植

1 腐植は腐植酸とフルボ酸 ……………………………… 22
2 腐植は生理活性物質でミネラルの宝庫 ……………… 27
3 腐植とフルボ酸の用途は広く効果は魅力的 ………… 28

❸ 腐植とフルボ酸

1 地球は長い氷河期の繰返しを経て温暖な
　現在になった …………………………………………… 30
2 腐植の原料は主に草木と落葉広葉樹林 ……………… 32
3 腐植の特性 ……………………………………………… 37

❹ 汚水・排水生物処理への腐植利用

1 腐植活性汚泥法 ―――――――――――――――― 40
2 腐植活性汚泥法の臭気・水質測定例 ―――――――― 46
3 腐植活性汚泥法による汚泥の削減・改質・無臭化 ―― 59

❺ 腐植・フルボ酸の脱臭

1 腐植質脱臭剤 ――――――――――――――――― 66
2 フルボ酸消臭液 ―――――――――――――――― 71
3 フルボ酸の抗菌・消臭 ―――――――――――――― 75
4 消毒薬と抗菌剤の違い ―――――――――――――― 83

❻ 腐植（腐植酸とフルボ酸）の農業利用

1 耕作農業における腐植の役割 ――――――――――― 90
 (1) 農業生産における物質の流れ・90
 (2) 土の物理性・92
 (3) 土の化学性・93
 (4) 土の微生物性・97

⑸　地力ある土壌での農産物の生産・100
　2　腐植土・腐植汚泥の農業利用──────────102
　　⑴　古い土：カリマチ・102
　　⑵　腐植汚泥のキュウリ栽培・103
　　⑶　腐植汚泥でトマト栽培・108
　　⑷　腐植汚泥でコーン栽培、硝酸流出抑制・110
　　⑸　家畜排出物がとりもつ畜産業と農業の
　　　　相互協力・110
　　⑹　汚水の処理水は宝の水、ハエも退治・113
　　⑺　芝の生育と腐植・115
　　⑻　ミミズは農耕者で、環境保護者・117
　　⑼　腐植土で堆肥は無臭、豚は健康・121

❼　森と湿地と海のフルボ酸

　1　襟裳岬の漁場再生は森林とフルボ酸鉄──────126
　　⑴　襟裳岬の漁場再生・126
　　⑵　森林を蘇らせる腐植－ミネラル結合体・127
　2　海と森と湿地と川のきずな──────────130
　　⑴　腐植土の生成・130

(2)　環境保全・131
　3　海の磯焼けはフルボ酸鉄で再生-------133
　4　魚類の細菌感染、カバの負傷はフルボ酸で回復---134
　　(1)　フルボ酸の活用例・134
　　(2)　腐植土の活用・137

❽　フルボ酸の健康・美容・医療への利用

　1　健康な土は妙薬-------140
　2　フルボ酸の特性-------144
　3　フルボ酸入り飲料水-------147
　4　フルボ酸入り化粧品-------149
　5　フルボ酸入りシャンプー-------151
　6　フルボ酸入り化粧水-------154
　7　モール温泉-------157

コラム−1　腐植土での臭気除去実験見学で効果を知る・15
コラム−2　お花にやさしいフルボ酸・146
おわりに・163
参考文献・166

❶ 土と腐植

1 土は人類や動物の生活環境

陸地に存在する生物の生命は土が支えている

　地球は、太陽系の一惑星として約45億年以前に誕生し、微生物は35億年～15億年以前に誕生し、人類は300万年～400万年前に東アフリカに出現したと推定されています。

　地球上の生物（植物、動物、微生物、人類、その他の有機物）は、陸地と水域地に存在しますが、陸地に存在する生物は、土が生命を支えています。

　土の中で生活する生物は、土壌が生活環境です。人類や動物は土に生育した植物を食べ、その残滓は土の中で微生物により分解され、肥沃な土になって、植物の栄養になります。

　これが、土を中心にした循環であり、土は母なる大地といわれるゆえんです。土壌の環境は、図表1のとおりです。

【図表1　土壌の構成要素と環境】

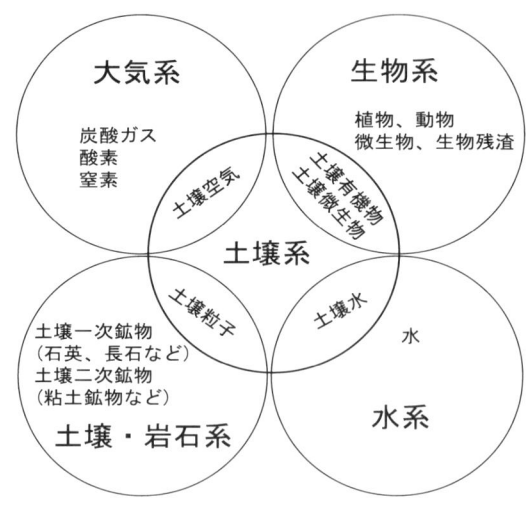

肥沃な土壌は団粒構造になっている

　図表1からわかるように、土壌は、土壌粒子、空気、水、有機物、微生物から構成され、それらは相互に影響し合い、肥沃な土壌は団粒構造になっています。

　団粒構造の土壌とは、図表2の団粒構造モデルのように、粒子が直径1～

5ミリ程度（マクロ団粒）に団粒化されているものです。

【図表2　単粒構造と団粒構造】

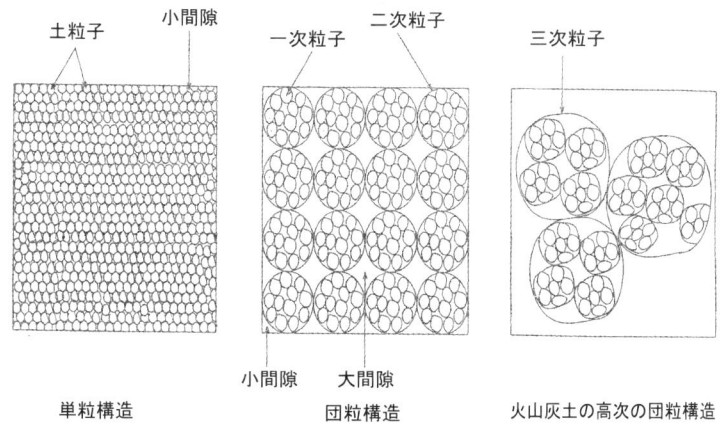

　土壌の構成比率が固相3分の1、液相3分の1、気相3分の1程度になると、水と空気が通りやすくなって、微生物も増殖しやすくなります。

　土壌が団粒構造になるには、図表3に示すように、腐植が重要な役割を果たしています。

【図表3　団粒構造化は腐植の役割】

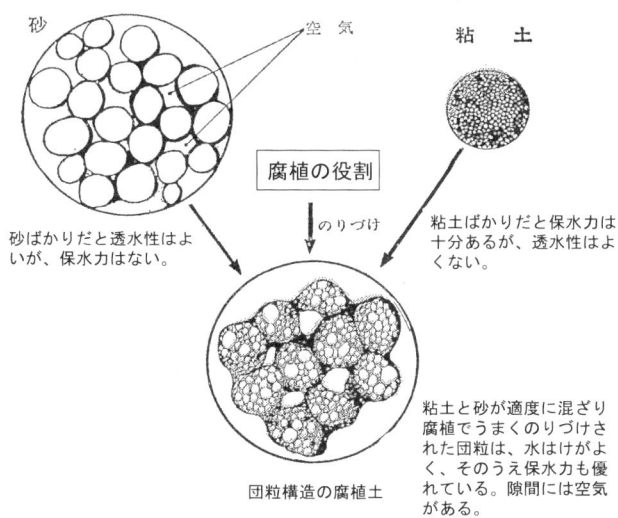

隙間の体積が同じでも、粒子の並び方が違ってくる。黒い部分は、保持された水分。

(出典：「土壌の基礎知識」前田正男、松尾嘉郎著、農山漁村文化協会（1990）刊)

団粒構造になるには、粘土と砂が適度に混ざり合って、腐植と微生物で糊付されます。団粒化されて隙間ができると、空気が通りやすくなり、微生物の増殖が増えます。水の排水性と保水性もよくなり、良質の土壌となります。

　筆者らの腐植土掘削地に入って飛び跳ねると、少し体が宙に浮く感じがします。その土壌がふかふかと柔らかい土壌になっているからです。どうしてなのかと驚きを感じます。

　また、筆者は家庭菜園を耕作していますが、堆肥や腐葉土を施用した畑地で野菜の収穫が終わった後で畑地を歩くと畑地はふかふかになり、耕やすときにミミズが多いのを観察しています。

　一般には、堆肥を施用しているから畑地はふわふわと柔らかくなっているとのことで終わるかもしれません。筆者は、団粒構造の土壌になっているのであると決めてしまっています。よく観察すると土壌が団粒粒子なっているようにも見えますが、観察だけでは団粒構造の様子が肉眼でははっきりわかりません。

　実際には、団粒を肉眼で見ることもできるし、見分けるのが難しいといわれています。団粒粒子サイズの測定は、「水中篩分法」によって行います。

　土壌を篩に載せ、水中で緩やかに上下させて篩分けをします。水中篩分法で破壊されない団粒を耐水性団粒と呼びますが、単に団粒とも呼びます。

　図表２の一次粒子(20um以下でシルトの大きさ)は、まだ団粒を構成していない粒子で、腐植や粘着物により二次粒子(20〜250um)を形成します。二次粒子は、ミクロ団粒と呼ばれ、この二次粒子が結合して三次粒子(250um以上)を形成します。この三次粒子は、マクロ団粒と呼ばれています。

　また、単に団粒とも呼ばれ、マクロ団粒はミクロ団粒と比べて易分解性有機物を多く含み、易分解性有機物が消耗するとマクロ団粒も消耗します。団粒の形成では、腐植はシルトや粘土などと強く結合して腐植粘土複合体を形成します。

　形成されたミクロ団粒は、比較的安定した団粒で容易に破壊されません。ミクロ団粒がマクロ団粒を形成しますが、マクロ団粒は簡単に団粒の破壊を受けて、有機物施用によって団粒形成が促進されます。

　マクロ団粒は、土壌中で形成と破壊を繰り返す性質をもっているのです。畑地と草地を比べると、草地の団粒形成が著しいといわれています。根が分泌する粘着物が草地には多いといわれていますが、畑地のトウモロコシの根からも粘着物が出て団粒形成を行っています。

2　腐植の形成

土壌有機物は腐植を生成する

　植物、動物、微生物などの遺体は、土壌中で土壌微生物により分解されて、土壌有機物となります。

　土壌有機物は、作物の養分の給源になり、さらに微生物や動物の栄養やエネルギーの給源にもなります。その間、土壌有機物は、さらに分解し、重合・縮合して腐植を生成します。

　微生物による分解の難易は、遺体の化学成分により大きく異なり、炭水化物、蛋白質、脂肪などは速やかに分解されます（易分解性有機物）が、リグニン、タンニン、テルペン類などは、比較的分解されにくい（難分解性有機物）といえます。

　炭水化物や蛋白質は、微生物分解により大部分は二酸化炭素、水、アンモニアとなって大気に放出され、一部はキノイド、アミノ酸、ペプトジ類として、リグニン、タンニンは微生物分解でポリフェノール、キノン類として、重合・縮合を受けて腐植になり、土壌に堆積していきます（図表4参照）。

【図表4　腐植物質の生成過程】

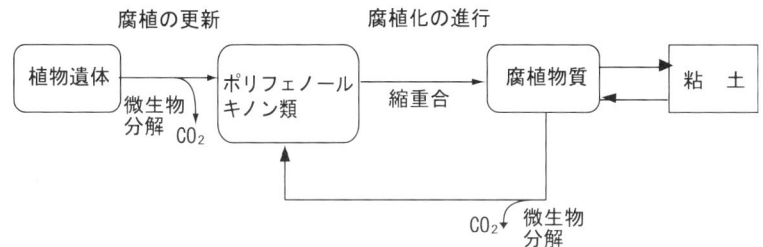

腐植は団粒構造の土壌をつくる役割を果たしている

　この腐植が、腐植酸（フミン酸とも呼びます）とフルボ酸を含み、団粒構造の土壌をつくる役割を果たしているのですが、他にも多くの効果と役割をもっています。

　生成した腐植酸とフルボ酸から構成されている腐植は、無機成分の粘土と結合します。新しく生成した腐植は、再び微生物に分解されやすいです。

　この初期の腐植と土壌中に存在する腐植のうち分解されやすい部分（易分解性腐植）は、再び微生物の分解を受けてから、さらに安定構造の腐植が合

成されます。これが図表4に示す腐植化です。

土壌中の腐植は、常に更新と腐植化を繰り返している

　このように土壌中の腐植は、常に更新と腐植化を繰り返しているため、その量と腐植化の程度は、地温、土壌水分、地上植生、粘土含量などに依存して、一定の動的平衡状態に保たれています。地上の植生が気候変動によって変化すれば、腐植の量と質は、新たな平衡状態に移行することになります。

　例えば、腐植は、無機成分の粘土と結合して安定化しやすいため、粘土質土壌は砂質土壌より早く腐植を集積し、腐植含量が高い状態で平衡に達します。

　また、山地では、北斜面の土壌は南斜面の土壌に比べて水分が多く、低温であるため、易分解性腐植の分解速度が遅く、腐植の集積量が高いといえます。

腐植化は腐植化条件を揃えている湿原に多く見られる

　腐植化は、腐植化条件を揃えている湿原に多く見られます。例えば、釧路湿原は、縄文海進期には内湾であったものが、3,000年前頃からの海退に伴って次第に淡水化して湿原になり。ヨシ、スゲ類の泥炭層が1m〜5mの厚さで存在し、腐植が集積しています。

　ちなみに、日本列島の植生は、約1万年前頃から針葉樹から落葉広葉樹が優占する植生へと変更されているので、湿原としての土壌水分に加えて、落葉による植物遺体の給源が腐植集積を行ってきたことになります。

　日本列島の1万年前頃の植生変化を示すと、図表5のとおりです。

　歴史的にみると、約1万年前頃の気温は、氷河期から現在の温暖期へ、植生は針葉樹から広葉樹へ、海面は海進期から海退期へと変化しているので、湿地に泥炭層を生成させる条件が整ってきていたようです。現代になって湿地の約80%が農地に転換しているのが世界の実態です。

　その農地は自然保護をする役割をもってきましたが、新たな問題として農薬、化学肥料、家畜排泄物による地下水汚染、土壌流出、湿地や野生動植物の生息する自然環境の喪失などが起こっています。

　地下水汚染の要因は、化学肥料、家畜排泄物中の窒素と農薬です。窒素は、土中で硝酸になり、硝酸態が作物に吸収されずに地下水を汚染します。

　土壌侵食による流出土壌は、河川に入り沈殿することにより、水質汚染で魚や動物の生存を困難にします。湿地は、野生動植物の生息地、洪水を防ぐ湛水機能、水質改善機能などで評価されていますが、減少が起こっています。これらの機能と腐植資源をもつ湿地は保護されなければなりません。

【図表5　日本列島の植生史】

西日本―関東	中部―東北	北海道
照葉樹林	ブナ属-コナラ亜属林 （ブナ-ミズナラ林）	コナラ亜属林
8,000年前		
エノキ-ケヤキ型 落葉広葉樹林		
9,000年前		
コナラ-クマシデ属型 落葉広葉樹林	カバノキ属・ハンノキ属林	
10,000年前		
温帯性針葉樹林と コナラ-クマシデ属型 落葉広葉樹林	温帯・亜寒帯性針葉樹林と カバノキ属・コナラ亜属林	亜寒帯性針葉樹林とカバノキ属・ハンノキ属林
13,000―12,000年前		
温帯性針葉樹林	温帯・亜寒帯性針葉樹林	亜寒帯性針葉樹林

日本列島の平野部から山地部にかけて10,000年前後の植生は、針葉樹が優占する植生から落葉広葉樹が優占する植生へと変化しています。

（出典：「縄文時代へ移行期における陸上生態系の」辻誠一郎著、第四紀研究36（1997））

コラム―1

腐植土での臭気除去実験見学で効果を知る

　1984年に腐植土で臭気除去している実験装置を見学する機会を得ました。腐植土とは何なのかを知らないままに見学したので、予想以上の効果に好奇心が湧いてきて腐植土を調べることにしました。

　直面の課題として臭気除去はどうしてできるのかを調べると、腐植がもっている官能基とミネラルと臭気成分の間のキレート反応であることがわかりました。

　次に、排水の生物処理に腐植土を用いると余剰汚泥が腐敗しない現象に出会いました。これまで、排水も汚泥も腐敗するので、処理施設には脱臭装置を備えていました。しかし、汚泥は、腐敗しないし、悪臭も出ないので、農地に直接利用することにしました。

　農地に利用するときに汚泥の陽イオン交換量（CEC）を測定したら、完熟堆肥と同等のCEC＝70～90me/100gが得られました。通常は、排水処理で発生する汚泥は、脱水工程を経由して、堆肥化工程を通過して完熟堆肥にしてから農地に利用します。それが排水処理をしている段階で完熟堆肥と同じレベルまでに熟成していたのです。

　腐植を用いることにより、排水処理の余剰汚泥を堆肥化工程の省略をして農地に還元することができたのです。さらに農作物の収穫にも好結果が得られました。

　このような特性をもつ腐植土が、湿地などに21世紀の貴重な資源として存在するのです。

3 湿原の泥炭と腐植

湿原とは

　一般に湿原とは、過湿な土地に耐湿性の植物が繁茂して発達した湿性草原を指しています。

　湿原は、その起源から湖成（陸化）型湿原と沼沢型湿原に大別されます。

　前者は、湖沼が土砂や植物遺体によって埋積されて湿原となって陸地化したものです。後者は、扇状地や河川の氾濫原、平坦な谷、傾斜の緩やかな山地斜面など、水はけの悪い窪地に植物遺体が堆積して湿原化したものです。

　湿原については、「図説日本の植生（朝倉書店）」に適切な解説があるので、引用して説明します。

湿原

　「温暖な地方では、有機物の分解が比較的速やかに行われるため、泥炭はあまり堆積せず、泥沢地になる。ヨシの優占する沼沢湿原は、かつて日本の沖積平野に広く分布していたが、水田に転換されて姿を消した。現在、沼や湧水地の周辺、特に水はけの悪い河川の後背湿地などに残っている小規模な湿原は貴重であり、天然記念物などとして保護されている。

　夏期に冷涼多湿な気候に支配される高緯度地域や高地では、低温のため植物の遺体は十分に分解されず、半分解の状態で堆積して泥炭になる。泥炭は、年平均約1ミリというきわめてゆっくりとした速度で堆積していき、泥炭地が形成される。泥炭地に発達した湿原は、その形状や涵養水とその栄養条件から、低層湿原、中間湿原、高層湿原に分けられる。

　低層湿原は、地表面が凹地形ないし平坦で、地下水位面より低く、直接地下水や地表水に涵養される湿原である。鉱物質に富む富栄養性の地下水が周りから流れ込むため、ヨシやスゲ類、ハンノキなどが旺盛に生育し、群落をつくっている。

　さらに泥炭の堆積が進み、地表面が地下水位面よりも高く盛り上がっても、もっぱら降水に涵養される貧栄養性の湿原が高層湿原である。

　高層湿原では、有機物から腐植ができるため、土壌は強い酸性を示す。過湿、貧栄養、強酸性という厳しい環境で生活できる植物は、ミズゴケ類のほか、ツルコケモモなどツツジ科の矮小低木やガンコウランなどに限られる。発達

した高層湿原では、ミズゴケ類の生長差と泥炭堆積活性の場所的差異や、凍結、融解などによる泥炭層の滑動などさまざまな要因によって、地表面に小凸地(ブルト)や小凹地(シュレンケ)、池塘などの微地形が発達する。

ミズゴケ類は、この微地形と水湿条件に応じて住み分けるため、高層湿原にはさまざまな種類のミズゴケ群落がみられる。

低層湿原から高層湿原に移行する段階にある湿原を中間湿原と呼ぶ。高層湿原のような地表面の盛り上がりはなく、地下水や地表水、時には降水に涵養される中栄養性の湿原で、主要な植生はヌマガヤ群落である。中間湿原では、低層湿原と高層湿原の植物が混成して群落をつくるため、多彩な植物が生育し、群落の種類も豊富である。」

(出典:「図説日本の植生」橘ヒサ子、福島司、岩瀬徹著、朝倉書店(2005)刊)

尾瀬ヶ原湿原

尾瀬ヶ原湿原は、標高2,000メートル級の山々に囲まれた盆地底に発達した湿原で、標高1,400メートルに位置し、面積7.6平方キロメートルの本州最大の山地湿原です。

泥炭層は、平均4メートル～5メートルで、湿原化は7,000年～13,000年前と推定されています。

尾瀬ヶ原湿原の地形は、ケルミ(凸地)とシュレンケ(凹地)のセットが発達して、その豊富な植生は多くの人々が体験しています。図表6は、尾瀬ヶ原湿原の池塘風景です。

【図表6　尾瀬ヶ原湿原の池塘と浮島】

(出典:「図説日本の植生」橘ヒサ子、尾瀬ヶ原のケルミとシュレンケ複合体、福島司、岩瀬徹著、朝倉書店(2005)刊)

宮沢賢治は90年前に腐植土の価値を知っていた

　湿地帯と腐植について余談を加えると、代表作「雨ニモマケズ」など、多くの作品を残している詩人・童話作家の宮沢賢治（1896年～1933年）は、1918年に卒業論文「腐植質中ノ無機成分ノ植物ニ対スル価値」を提出し、盛岡高等農林学校を卒業しています。

　宮沢賢治の作品「腐植土のぬかるみ」では、「腐植土のぬかるみ」が繰り返されています。

腐植土のぬかるみよりの照り返し、材木の上のちひさき露店。
腐植土のぬかるみよりの照り返しに、二銭の鏡あまたならべぬ。
腐植土のぬかるみよりの照り返しに、すがめの子一人りんと立ちたり。
よく掃除せしランプをもちて腐植土の、ぬかるみを駅夫大股に行く。
風ふきて広場広場のたまり水、いちめんゆれてさゞめきにけり。
こはいかに赤きずぼんに毛皮など、春木ながしの人のいちれつ。
なめげに見高らかに云ひ木流しら、鳶をかつぎて過ぎ行きにけり。
列すぎてまた風ふきてぬかり水、白き西日にさゞめきたてり。
西根よりみめよき女きたりしと、角の宿屋に眼がひかるなり。
かつきりと額を剃りしすがめの子、しきりに立ちて栗をたべたり。
腐植土のぬかるみよりの照り返しに二銭の鏡売るゝともなし。

　賢治は、鉱石・土壌に熱心で、「石っこ賢さん」と呼ばれ、多くの岩石、鉱石を集めたり、作品「腐植土のぬかるみよりの照り返し」は、湿地帯の中で詠んでいる様子がうかがえます。

　賢治は、90年前に、腐植は湿地帯あるいは泥炭地のぬかるみの中に存在し、そこに含まれる成分の植物に対する効果を知っていたと考えられます。

　いまさらながら、賢治が、独特な魅力あふれる詩人・作家で、洞察力のある土壌学者でもあったことに偉大さを感ずることができます。

　賢治は、90年前に腐植土の価値を知っていましたが、現代の生活志向に取り上げられていなかったので、腐植土の名称や意味を知らない人が多いようです。

　これからの時代には、重要な資源になることを知ってほしいものです。

4　腐植は森林、湿原、農地、湖沼、堆肥に集積

河川は森林や湿原に集積した腐植の移動を担っている

　湿原に泥炭が存在し、腐植が集積している例をあげましたが、湿原に限らず、森林や堆肥にも腐植の集積が行われ、河川は森林や湿原に集積した腐植の移動を担っています。

　森林では、広葉樹の落ち葉が堆積し、熟成して腐植を生成します。その腐植は、森林の栄養となって樹木を育て、根張りがよくなり、土壌浸食を減らすことができるので、表土流亡などの事故を減らす支えもしています。

生ゴミ・堆肥

　生ごみなどの有機物をpHで中性、含水率を50～60％で空気を供給すると発熱発酵して堆肥ができます。その堆肥化過程を図表7に示しましたが、この過程を経た堆肥には、腐植が生成されています。

【図表7　堆肥化過程の温度変化と成分分解】

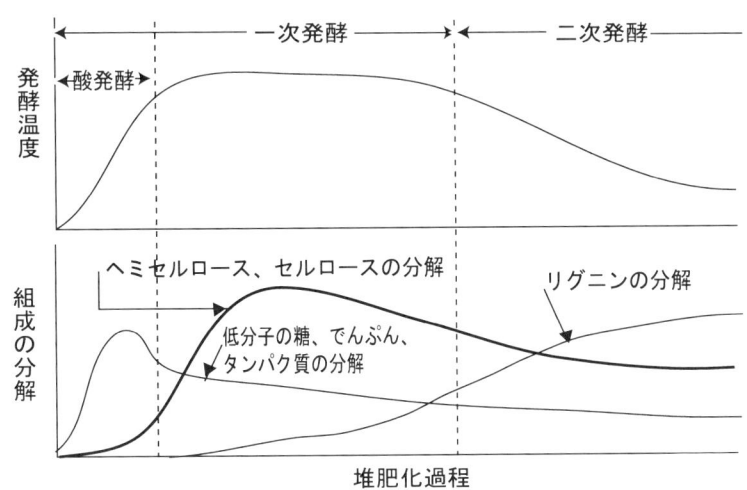

　堆肥を農地に供給すると、肥料効果と土壌改良効果により肥沃土になり、品質の良い作物を多く収穫できる有機栽培農業ができます。

　森に集積する腐植、堆肥化で生成する腐植のいずれも、前掲の図表4で示したとおり、微生物分解と重縮合反応で生成した土壌有機物の腐植です。

腐植の主成分は、腐植酸（フミン酸とも呼びます）とフルボ酸で、この2成分を総称して、腐植と呼んでいます。

なお、腐植は、腐植物資とも呼んでいます。

腐植は自然環境・生物生態系を維持するのに役立っている

森林、湿原、農地に含まれた腐植は、森林では主に樹木成長に、湿原では植物と生物成長に、農地では作物成長などに消費されますが、一部は雨水に溶けて河川や湖沼に流出します。

河川や湖沼でも微小ながら腐植を生成しています。湖沼水に含まれる溶存有機物中の腐植含量の測定例は、図表8に示したとおりです。

【図表8　湖沼水の溶存有機物成分割合】

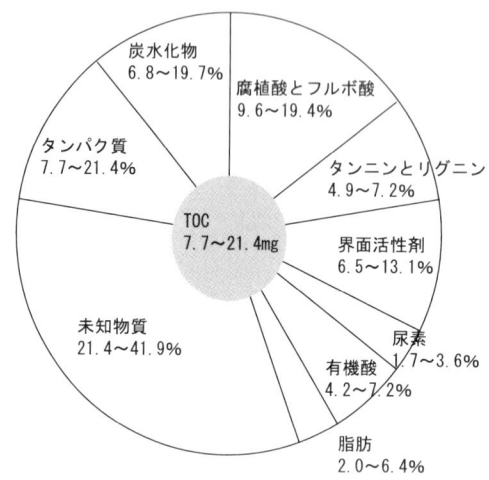

(出典：「浅水性湖沼、手賀沼の水質汚濁機構」千葉大学工学部研究報告44巻、立木英樹、相川正美、石川秀雄著(1992))

図表8から溶存有機物中の腐植は、5個の測定値から約10%〜20%の含有率を示しています。

腐植含量の豊富な河川水が湾岸に到達すると、河川水と海水の境界の沿岸線に魚類が集まるのが知られています。魚類も腐植を求めて集まってくるのは確かであるといえます。

陸地の森林、湿原、農地、堆肥場を主な生成源として、腐植は微生物と有機物のバランスがとれた場所でゆっくりと生成され、自然環境、生物生態系を維持するのに役立っているのです。

次章以降に、腐植の神秘性を解いていくことにします。

❷ 土壌有機物の腐植

1 腐植は腐植酸とフルボ酸

腐植と石炭の違い

　植物残滓、動物遺体、微生物遺体が土壌中で微生物分解を受け、その分解産物から生物学的、化学的に生成されたのが腐植であり、その成分が腐植酸とフルボ酸です。

　石炭は、植物遺体を地下深くで埋没続成作用を受けて生成され、天然高分子物質ですが、官能基はほとんど含まれていません。しかし、腐植は、同じ植物遺体を起源としているものの、比較的地表で好気的環境条件で生成されているので、多量のカルボキシル基などの官能基をもっています。

　地球上の生体量（biomass）の98％以上は植物で、動物は約0.6％、微生物は約1％といわれています。

　腐植は、陸地、湿地、沼沢地、湖底、海底で生成される暗色無定形の高分子物質です。

腐植成分の腐植酸とフルボ酸

　腐植成分の腐植酸とフルボ酸については、『土壌・植物栄養・環境事典』（博文社刊）に次のように記載されています。

　「**腐植酸**　腐植酸は黄褐、赤褐ないし黒褐色を呈する非晶高分子の有機酸である。その分子量は数万以上と推定される。元素組成は分子量により変動するが、炭素50～60％、水素3～6％、窒素2～6％で、その他リン、硫黄、塩基が1％前後含まれ、残りは酸素で30～40％を占める。構造中にベンゼン環以外に、アンスラセン、ナフタリン、ピリジン、インドールの縮合環や複素環の存在が証明されている。

　また、官能基にはカルボキシル基、カルボニル基、フェノール性およびアルコール性水酸基、メトキシル基などが含まれている。窒素は大部分がタンパク質およびペプチド態であるが、複素環化合物としても存在する。また、糖ではポリサッカライドやポリウロナイドが含まれる。

　また、腐植酸の官能基の中には、イオン交換反応の他にキレート生成を行うものもあり、特にpHが9以上では、フェノール性水酸基も配位原子団を構成する。

　その結合形態は複雑であるが、無機成分との結合も腐植酸の性質を知る上

で重要である。腐植酸の CEC は 200 〜 800meq ／ 100g である。

フルボ酸　淡黄〜淡褐色を呈する非晶質高分子有機化合物である。しかし、腐植酸と異なり、かなりの部分は易分解性有機物からなり、植物養分の給源となりやすい。

フルボ酸の分子量は、腐植酸のそれに比べて一般に小さいと考えられているが、最近の研究は、腐植酸よりも大きいものがあることを指摘している。元素組成は腐植酸に比べ炭素が少なく、水素と酸素の占める割合が大きい。

また、多糖類、タンパク質、フェノール類、タンニンおよび有機リンを含む。官能基ではカルボキシル基とアルコール性水酸基が多く、腐植酸に比べ反応性に富む」。(出典:「土壌・植物栄養・環境事典」92頁、博文社(1998)刊)

推定構造式はいまだに不定

腐植について国語大辞典では、「土壌中で動植物が不完全に分解してできる黒褐色の有機物」との説明がありますが、腐植酸とフルボ酸については、国語大辞典、化学便覧にも記載はありません。

土壌・植物栄養・環境事典には記載はありますが、物性、化学式、分子量の記載はありません。

腐植の化学構造を求める研究はなされてきましたが、複雑な高分子有機物であることから、推定構造式は図表9、10に示す提案がされているものの、いまだに不定なのです。

【図表9　腐植酸の推定化学構造式】

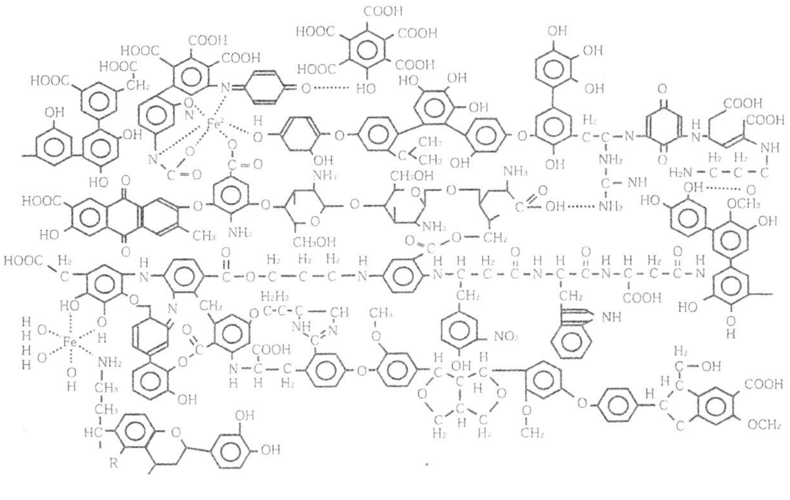

1　腐植は腐植酸とフルボ酸

【図表 10　フルボ酸の推定化学構造式】

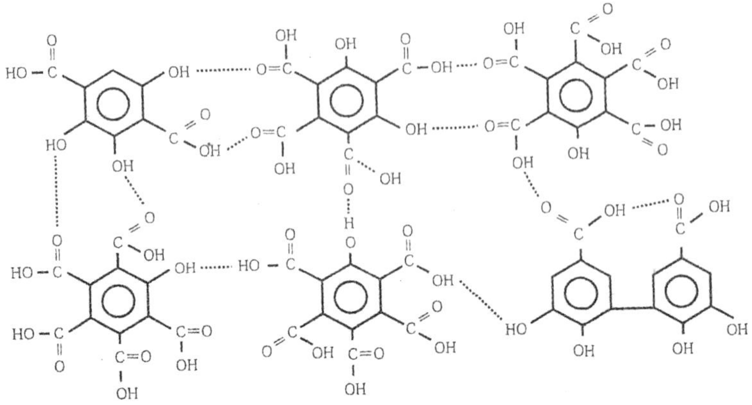

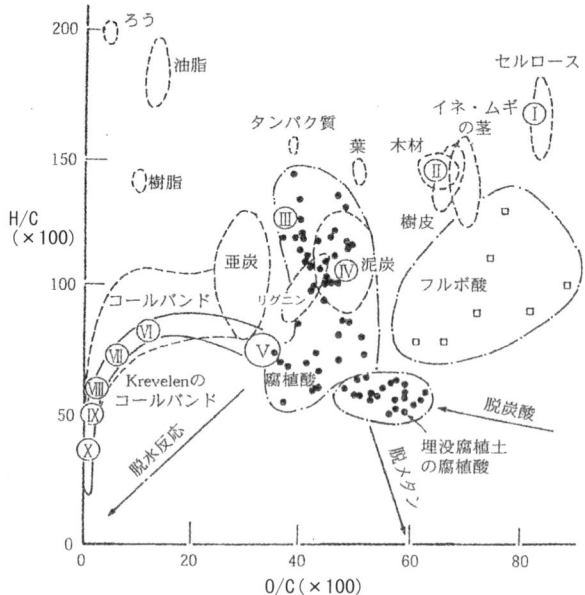

　この推定構造式から炭素、水素、酸素が主成分で、その構成比は図表 11 に示したとおりです。

【図表 11　腐植酸、フルボ酸の炭素含量、水素含量、酸素含量の関係】

Ⅰ セルローズ，Ⅱ 木材，Ⅲ リグニン，Ⅳ 泥炭，Ⅴ 褐炭，Ⅵ 低品位瀝青炭，Ⅶ 中品位瀝青炭，Ⅷ 高品位瀝青炭，Ⅸ 半無煙炭，Ⅹ 無煙炭

（出典：「新土壌学」久馬一剛等著、朝倉書店 (1989) 刊）

各種植物の炭素と水素と酸素の関係

図表 11 は、腐植酸、フルボ酸、石炭、各種植物の炭素と水素と酸素の関係を示したものです。

腐植酸とフルボ酸は、各種植物と比べて水素含量が少ない。酸素含量はフルボ酸が多く、腐植酸、石炭へと順次少なくなっています。

腐植酸とフルボ酸の元素組成が一定でなく広範囲に分布していますが、カルボキシル基、カルボニル基、水酸基、メトキシル基、アミノ基などの官能基をもっています。

官能基は、腐植化の進行度合いでその含有量は変化しますが、キレート反応など種々の作用と効果を示す因子となっているので、後で実例とともにその重要な役割についてさらに説明していきます。

腐植はミネラルの宝庫

腐植は、官能基がカチオンと結合して凝集し、粘土鉱物に吸着して安定化しています。そのため腐植は、ミネラル含量が多く、ミネラルの宝庫ともいわれています。

一方、腐植を抽出するには、無機成分との結合を破壊する必要があり、官能基と結合したカチオンをナトリウムイオンで置換することで腐植を水に可溶化することができます。

水酸化ナトリウムとピロリン酸ナトリウムの混合液は、腐植を抽出する効率の高いアルカリ抽出剤として使われます。アルカリ混合液で抽出すると腐植の 60 〜 80％が抽出され、暗赤褐色の溶液が得られます。このアルカリ抽出液に塩酸または硫酸を加えて酸性（pH 1 〜 2）にすると、沈殿する黒褐色の腐植酸（humic acid、フミン酸とも呼びます）と溶解している黄色ないし橙色のフルボ酸（fulvic acid）に分けられます（図表 12 参照）。

【図表 12　腐植の分別】

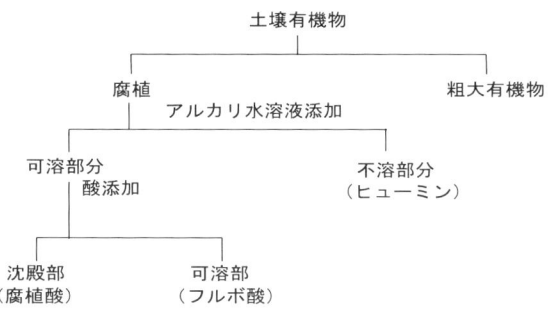

腐植の分類は操作上の分類

　アルカリ抽出液で抽出されない腐植は、ヒューミン（humin）と呼ばれます。

　このように腐植は、酸やアルカリに対する可溶性によって便宜的に腐植酸、フルボ酸、ヒューミンに分類していますが、この分類は操作上の分類であって、本質的に分類されているものではありません。腐植酸とフルボ酸に分別しても、依然として混合物なのです。

　筆者らは、腐植土から腐植を水に可溶化して、pH 2～3の黄橙色の腐植抽出液を得ていることから、便宜的に腐植抽出液をフルボ酸とも呼んでいます。

　一般に、土壌中には、腐植酸とフルボ酸はほぼ同程度の量が含まれており、フルボ酸のかなりの部分は易分解性有機物からなり、植物の栄養や微生物の繁殖にとって重要な給源となります。

本質的に明確に分類されていない腐植

　ここまで、腐植とは、土壌有機物であって、その主成分が腐植酸とフルボ酸であるといいながら、簡単な記述に終わらず、種々の記述をしたのは、いまだに図表12で示すように腐植酸とフルボ酸とに分類していますが、本質的に明確に分類されていないからです。

　例えば、スウェーデンの研究者S.Oden（1919）の説明によると、腐植物質を溶媒（水やアルカリ）と色でグループ分けして、そのグループの1つにフルボ酸と名づけています。

　フルボ酸は、明るい色、比較的低い炭素含量（55％以下）、水、アルコール、アルカリ、無機酸に対する易溶性、反応性に富む、などによって区別されるものとしたのです。

　腐植土は、石炭や石油にならないで、あるいはなれないで土壌の中で形成されてきました。同じ植物遺体を起源として、地下深くに埋没して作用を受けて形成された天然高分子物質であることは共通しています。

　石炭と腐植酸とフルボ酸の成分は、主に炭素と水素と酸素ですが、炭素と水素の比 H/C として水素含量を比べると3者の間に大きな差はありません。

　炭素と酸素の比 O/C として酸素含量を比べると、フルボ酸、腐植酸、石炭の順に酸素含量は小さくなっています。

　腐植は、堆肥に含まれていて、農地に堆肥施用すると土壌改良効果があって有機栽培に有効であると表現されているくらいの評価でした。腐植は、まだこのような認識のもとにあるのです。

2 腐植は生理活性物質でミネラルの宝庫

腐植は土壌生態系の中で多くの役割を果たしている

　腐植は、土壌生態系の中で多くの役割を果たしており、その機能には土壌の化学性、物理性、生物性のすべてにかかわることが知られています。植物養分供給能、植物養分保持能、植物生育促進能、団粒形成能などが知られています。

　腐植は、カルボキシル基などの官能基が多く、負電荷を発生するので陽イオンを吸着する能力が大きいのです。

　腐植含量の多い土壌は、陽イオン交換容量（CEC）が大きく、陽イオンを吸着保持します。これが腐植の植物養分保持能であり、陽イオンのミネラルを多く吸着することから陽イオン交換容量の大きい腐植は、ミネラルの宝庫と呼ばれています。

腐植酸とフルボ酸は植物の根の伸長に顕著

　腐植酸とフルボ酸は、植物の生育効果が発芽、発根、植物本体の生育、根の伸長に現れますが、特に根の伸長に顕著だといえます。

　この効果は、腐植が生理活性物質の役割を果たしているともいえます。Aℓによる作物の生育障害では、腐植はAℓと錯体を形成しやすく、Aℓ腐植複合体を形成して、Aℓの活性が失われるため、作物は正常に生育できるのです。

　腐植は、多様な微生物活動を活発化し、植物病原菌の増殖を抑制します。微生物濃度が高まり、微生物が活発化すると生物代謝物が多く生産されるので、団粒構造が発達し、土壌の化学性、物理性、生物性が改善されて団粒構造形成がなされます。

　このように腐植は、土壌生態系の中で、種々の機能と効果を発揮して役立っています。

　有機物が腐敗している腐敗土壌では、グラム陰性菌が多く、病原菌の活動を促進、無機物を不溶化し、土壌は固く、腐植の含有率が減少しています。

　腐植土壌では、抗菌物質を生成する微生物が多く、バチルス属細菌などのグラム陽性菌が多く、有機物分解で糖類、アミノ酸、有機酸、ビタミン、生理活性物質が多く、団粒形成が高く、無機物の可溶化が進み、作物の生育を促進し、病害発生が少ない、山土の臭いがし、腐植の含有率が増加しています。

3　腐植とフルボ酸の用途は広く効果は魅力的

医療・美容・健康食品への応用開発が注目されてきた

　筆者らは、土壌生態系での腐植の有効性に着目して、腐植土と腐植抽出液（フルボ酸とも呼びます）を利用して、汚水浄化と臭気除去と余剰汚泥削減が同時にできる腐植活性汚泥法、無臭堆肥化装置、腐植質脱臭法、腐植消臭液、油脂分解剤、植物活性液、畜産飼料への腐植補助飼料、化粧水、抗菌・消臭剤など、農業、環境、健康に役立つ技術を開発してきました。

　さらに、社会動向として、フルボ酸の魅力から、医療、美容、健康食品への応用開発が注目されてきています。1例として米国では、フルボ酸を原料とした植物系ミネラル商品が人体へのミネラル吸収効率が高く、種々の健康効果があることで販売されてきています。

　腐植土とフルボ酸を生産し、応用技術の開発をしている筆者にとって、腐植土とフルボ酸は応用範囲が広く、利用効果も魅力的なので、期待できる貴重品といえます。

農業・環境・医療・美容・健康の改善に効果

　フルボ酸は、化学便覧にも記載されていない未開発品ですが、神秘的で魅力ある特性と効果は、農業、環境、医療、美容、健康の改善になり、人類の長生きにつながるものと信ずるものです。

　そこで、これからの腐植土とフルボ酸開発と利用に少しでも役立てたいと考え、これまでに蓄積してきた腐植土とフルボ酸の技術をまとめ、この貴重品を大事に使っていくべきであると考えています。

環境保全を支えている要素の1つが腐植土（腐植酸とフルボ酸）

　森林、湖沼、河川、景観などを構成する環境も地球の資源であって、人類の生活に最も欠かせない空気、水、食糧（植物と動物）を供給しています。

　その環境保全を人知れず支えている要素の1つが、腐植土（腐植酸とフルボ酸）です。

　腐植土は、土壌、有機物、生物、自然、環境などと密接な関係をもち、植物や動物の生理活性に役立っており、この貴重な資源は環境再生と人類の健康と長生きのために有効に活用できることを知っておく必要があります。

❸ 腐植とフルボ酸

1 　地球は長い氷河期の繰返しを経て温暖な現在になった

環境の変化を歴史的にみると

　地球の表層は、温度、水源（降水、地下水など）、光、大気（酸素、二酸化炭素、風など）、岩石、土壌、生物（動物、植物、微生物など）、場所（高原、湿地など）によって異なります。

　これらをまとめて環境と呼びますが、生物は環境に適応しながら消長を続けてきました。

　環境の変化を歴史的にみると、地球は氷期（氷河期とも呼ぶ）と間氷期の繰返しで、寒と暖の繰返しともなり、図表13にみられる寒暖の変化は、大気中の二酸化炭素の濃度変化にも対応して、二酸化炭素濃度の上昇は気温の上昇をもたらしてきました。

【図表13　大気中の酸素分圧、二酸化炭素分圧の変化】

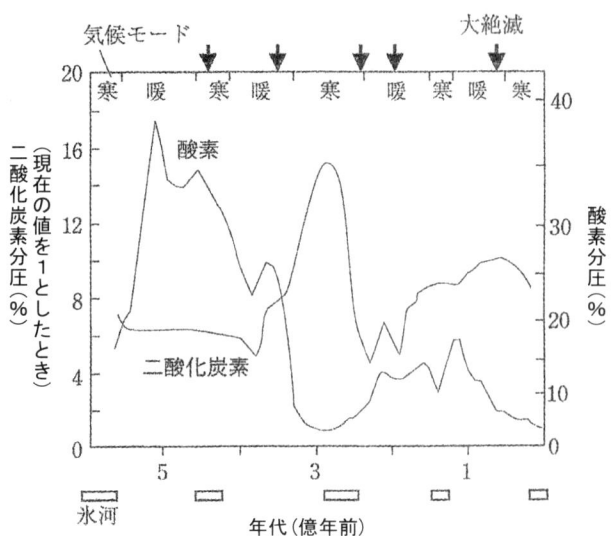

（出典：「地球生態学」和田英太郎著、岩波書店（2004）刊、41頁）

腐植は氷河期・温暖期の区別なく生成

　この気候変動の氷期には、極域や中・高緯度域に氷河が発達し、そのため海水面が低下（200ｍ程度）し、例えば日本海は対馬海峡と津軽海峡がほ

とんど閉じた状態になって、内湾のようになっていたと考えられています。

図表13に示す顕生時代の6億年の間に5回程度の大量絶滅があり、恐竜の絶滅は約6,500万年前であったといわれています。

約1万2,000年前、長い氷期が終わって、高緯度域も温暖な気候となってきました。

ヤンガードライアイス期と呼ばれる小氷期が500年ほど続いた後、温暖な現在の完新世となったのです。

地質学では、現在は第四期で、そのうち280万年前から1万年前までを更新世、1万年前以後を完新世と呼びますが、完新世で温暖になっていることを図表14に示しました。

【図表14　グリーンランドの氷から推定された過去10万年の気温変化】

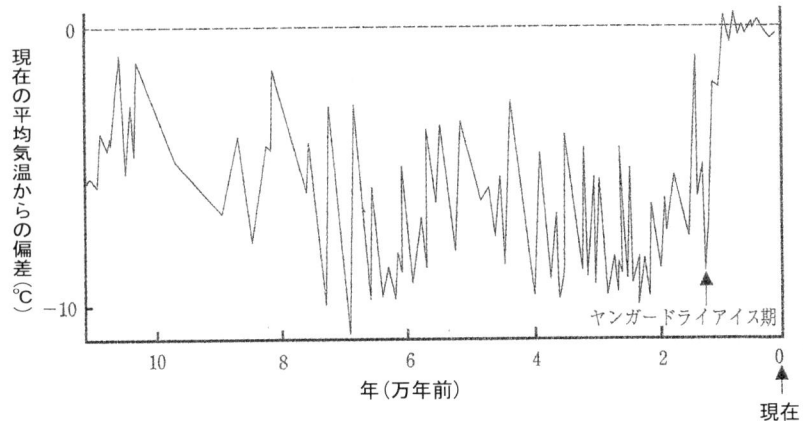

(出典:「地球生態学」和田英太郎著、岩波書店 (2004) 刊、67頁)

完新世以前は、小氷期と同様の現象が数多く起こっていることから、自然界は絶えず変化していたことを歴史が証明しています。

そして、腐植は、氷河期、温暖期の区別なく生成されてきたことが推定されました。

腐植は長い期間の動植物遺体の発酵・熟成で形成されてきましたので、その腐植形成期間中には、自然環境は大きく変化して生物の絶滅期にも遭遇していたかもしれません。

腐植に関する知見は、既に多くの優れた発表もされていますが、さらに多くの知見を充実させていかなければなりません。

物質の解明には、腐植形成の地形や歴史も大事な情報になります。

1　地球は長い氷河期の繰返しを経て温暖な現在になった

2 腐植の原料は主に草木と落葉広葉樹林

ヒューミックシェル（腐植泥板岩）と呼ぶ腐植

　このような自然界の変化の中で、土壌、岩石、植物や動物の有機物に微生物が増殖して腐植を生合成してきました。

　アメリカのユタ州でヒューミックシェル（腐植泥板岩）と呼ばれる腐植が発見されました。

　このヒューミックシェルは、約7,000～1億2,700年前の肥沃な土壌が石油や石炭になることなく、腐植として生成されたものといわれています。

　アメリカ先住民は、傷ついた動物が、ヒューミックシェル層から流れる川水を飲んで元気になる様子を見つけました。そして、ヒューミックシェルを粉状にして革袋に入れて持ち歩き、病人を見つけると革袋から取り出し、食べ物に混ぜて与え、回復させたと伝えられています。

　ユタ州は、砂漠地帯にもかかわらず、ヒューミックシェル層から流れ出ている小川の周囲だけは植物が生い茂っていると伝えられています。このような効果をもつヒューミックシェルから抽出したフルボ酸で植物系ミネラル飲料水などを含め多くの商品が販売されています。

数万年～数十万年前の有機物といわれている腐植

　カナダのロッキー山脈の東部、アルバータからも数万年～数十万年前の有機物といわれている腐植が見つかっています。

　この腐植も、有機農法、飲料水、外用薬などに利用され始めています。

九州地方で掘削した腐植土の花粉分析

　わが国の気候環境は、約1億2,000年前からの約2,000年間に急激に温暖化して、現在の気候環境とほぼ同様な状況となりました。温暖化とともに、植生は、針葉樹型から落葉広葉樹型へと変化しました（図表5参照）。

　筆者らは、腐植土を九州地方で掘削しています。その腐植土を通産省工業技術院地質調査所（当時）に依頼して花粉分析したところ、広葉樹のコナラ亜属12.5％、ハンノキ属7.6％、シラカンバ属6.3％、クマシデ属4.3％で、ケヤキ属、エノキ属、ブナ属、サワグルミ属が若干検出されました。

　針葉樹は、マツ属1.3％が検出されただけでした。草本では、ヨモギ属が

32.9％、イネ科9.9％、セリ科2.9％で、カラマツソウ属、ワレモコウ属、キク科も検出されました。

この花粉測定から推定される古環境は、ヨモギ属を主体とする草地植物が存在し、コナラ亜属、ハンノキ属、シラカンバ属などの落葉広葉樹林の植生も存在していました。

深度50mまでの測定では、深度38mまで腐植土が存在

そして、花粉の植生推定から、腐植土は8,000年前のものと推定されました。筆者らの腐植土掘削地は、低地で、その付近の状況は図表15、16のようなところです。

【図表15　腐植土掘削地】

【図表16　腐植土掘削地付近】

2　腐植の原料は主に草木と落葉広葉樹林

一方、掘削地のボーリング調査によれば、深度50mまでの測定では、深度38mまで腐植土が存在し、深度38m～50mは安山岩であることが判明しています。

腐植土掘削地点の腐植堆積層
　筆者らが行っている腐植土掘削地点の腐植堆積層については、図表17のとおりです。

【図表17　掘削地の腐植堆積層】

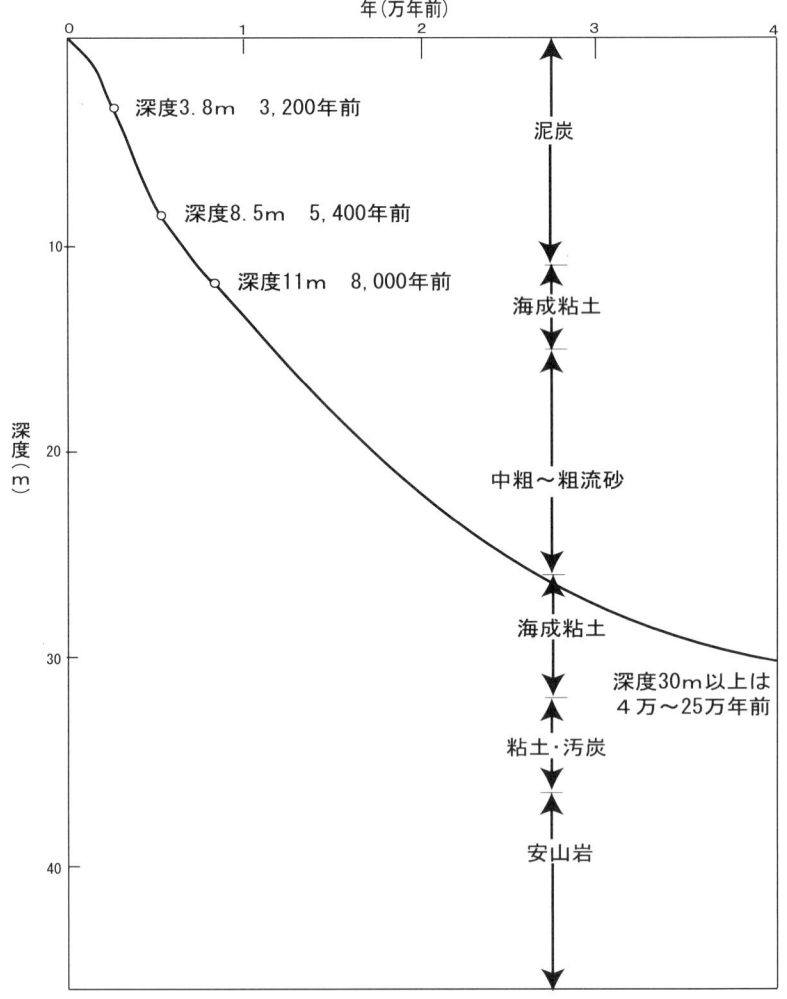

(出典):「唐比湿地の自然調査報告書」中西弘樹著、昭和堂

地表から泥炭層が存在し、^{14}C年代測定で、深度3.8mの泥炭は3,200年前、深度8.5mの泥炭は5,400年前、深度11mの海成粘土は8,000年前の腐植土構成となっていたと推定されています。

その図表17の深度約11～15mの海成粘土層は、縄文海進期の海域で、その後の海面低下で残された層であると推定されています。

図表17には、海成粘土層は深度11～15mの堆積層(完新世縄文海進期堆積物)と深度26～32mの堆積層(第四紀海進期堆積物)が存在しているので、2度の海進期があったことを示しています。

したがって、この2層の海成粘土層の位置は、かつて海跡湖で、その後植物遺体が堆積して湿地ができあがり、地下に泥炭層が堆積したことになります。

泥炭層と海成粘土層と海面変化(海進期)の関係

泥炭層と海成粘土層と海面変化(海進期)の関係を整理したものが図表18です。

【図表18 海面変化による海水域と淡水域腐植層の進行】

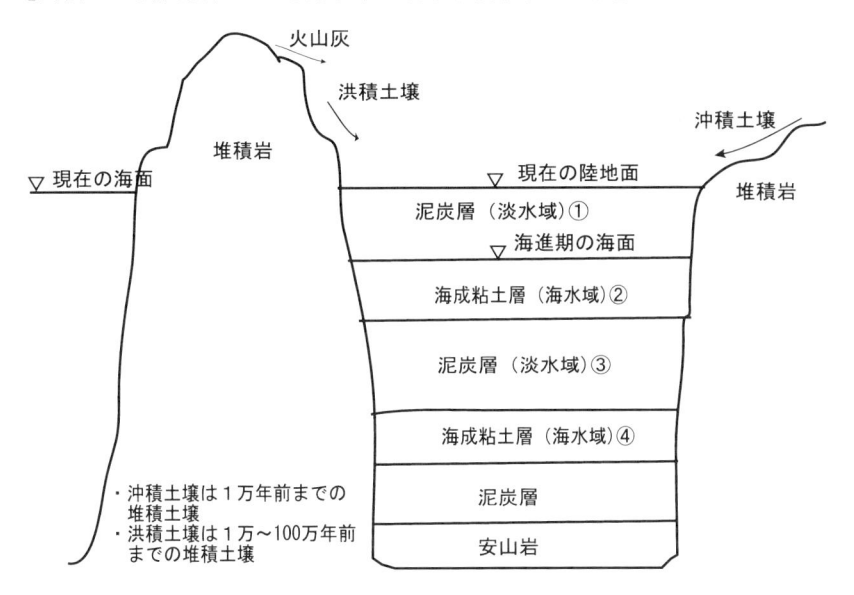

図表18に示す海成粘土層④は、第四紀中期海進期の堆積物(4万年前～25万年前)で、その後に淡水域泥炭層③が堆積し、次に完新世縄文海進期の海成粘土層②(7,000万年前～1億2,000年前)が堆積し、さらに現在

の陸地面までの深度で淡水域泥炭層①が堆積したことになります。

掘削地点の腐植堆積層は海水性・淡水性の両方が存在

現在の陸地海抜高度は、約 0.2 m の低地で、海水面の変化があっても海水の影響を受けてきた低湿地といえますが、花粉による植生推定では泥炭層は淡水性との結果が出ています。

図表 17 と図表 18 から、われわれの掘削地点の腐植堆積層は、海水性、淡水性の両方が存在していることになります。この泥炭は、腐植土であって、採取直後は主に茶褐色ですが、空気に触れると急激に酸化されて黒褐色に変化してきます。

なお、われわれが腐植土の掘削地を九州地方とだけ称しているのは、具体的な地名を示すことによって生じるであろう諸問題を避けるためであることをあらかじめお断りしておきます。

掘削地は、低地であるので、周辺の丘陵地に生育した植物が、小川などによって運搬されて集積されたり、低地内に自生した草本、落葉広葉樹などが約 8,000 年間地中に埋蔵されて、発酵と熟成を繰り返して生成されたのが泥炭や海成粘土です。これらを総称して腐植土と呼んでいます。

腐植土の特性と用途

腐植土は、腐植酸、フルボ酸、ミネラル、アミノ酸、ビタミン、有用菌などを含む特別な土壌で、その用途は農業、漁業、環境、健康、医療、美容などの方面に使われ始めています。

腐植土には、腐植酸（フミン酸ともいう）とフルボ酸が多く含まれていますが、この両成分をまとめて腐植と呼んでいます。腐植が種々の効果を示しますが、両成分とも化学構造式は推定式はあるものの、不定形のままで理解されています。

高分子については、分子量も未解明のままですが、種々の用途に応用してみると有効性がみられるので、用途開発が先行している神秘的物質です。科学的・技術的解明が進めば、神秘的という文字は近い将来には抹消できるであろうと考えています。

腐植の化学構造式が不定などの未解明な部分はありますが、魅力的特性から、筆者らは腐植の応用開発を優先させてきました。応用開発を進めることが、腐植の実体を解き明かすキーであるとも思っているからです。

3　腐植の特性

自然界のサイクルに活躍している腐植の特性

　大地に植物が育ち、植物を食して動物が生き、植物も動物もやがて土に還る。これが自然界のサイクルです。

　土、岩石母材、有機物に微生物が増殖し、微生物作用により腐植が生成され、肥沃な腐植土壌ができます。腐植が土壌に加わると、土壌中の生物作用が活発になり、自然界のサイクルがいっそう円滑に進むことになります。

　自然界のサイクルに活躍している腐植の特性としては、次のことがわかってきています。

【図表19　自然界のサイクルに活躍している腐植の特性】

自然界のサイクルに活躍している腐植の特性
- ① pH緩衝作用が大きい
- ② キレート反応する
- ③ 陽イオン交換容量（CEC）が高い
- ④ 土壌の団粒構造を形成する
- ⑤ 生理活性機能がある
- ⑥ 病原菌の抑制作用がある
- ⑦ 植物生育障害を防止する
- ⑧ 保肥力・保水力・排水性の改善効果がある
- ⑨ 脱臭効果がある
- ⑩ 廃水処理で余剰汚泥削減効果がある
- ⑪ 油の分解機能がある
- ⑫ 抗酸化力がある

これらの特性のほかに最も大きい特性

　これらの特性のほかに、最も大きい特性は、腐植酸もフルボ酸も化学構造式が不定で、カルボキシル基などの官能基をもち、陽イオン交換容量が高いことです。化学式が一定しないということは、自由に変化できるといえますし、官能基をもっていることはキレート反応ができ、ｐＨ緩衝力があり、抗酸化力があるともいえます。陽イオン交換容量が高いということは、陽イオンであるミネラルの吸着力が大きいということです。

　これらの特性に加えて、生物活性力があり、それぞれの機能が相乗効果によって、例えば土壌の団粒構造化に役立っています。

用途開発によっては、新しい特性を見出すことも可能になるでしょう。

腐植活性汚泥法の発想

有機性排水の活性汚泥法処理で臭気・水質・余剰汚泥の一括同時処理をしたいと考えて、腐植活性汚泥法を次の要領で検討することにしました。

(1) 堆肥の発酵過程では悪臭を発生しますが、完熟堆肥になると悪臭はなくなります。完熟堆肥は脱臭効果がありますので、この特性を利用することで検討することにしました。

(2) 臭気・水質・余剰汚泥の一括同時処理法を見つけると、設備費、維持管理費の節約になるので、必ず成し遂げるように検討することにしました。

(3) 悪臭対策は発生してからの対策ではなく、発生源対策にします。そのためには、脱臭は気相法ではなくて液相法にしなければなりません。

(4) 腐植が含まれる土壌ではグラム陽性菌が増殖して、悪臭は除去されていて、団粒形成をします。団粒は、増殖するし、消耗もします。この特性を余剰汚泥処理法に利用できるように、検討することにしました。

堆肥づくりで完熟堆肥にすると悪臭はなくなり、堆肥に腐植が多く含まれることになります。このことは、図表4に掲載した生成反応で腐植化が進行していることを示しているといえます。

活性汚泥に腐植土を加えて腐植活性汚泥法にして、余剰汚泥の陽イオン交換量(CEC)を測定したところ、CEC = 70〜90me/100g(図表46、76参照)となり、堆肥の完熟度の指標であるCEC = 60me/100gと同等以上の成果が得られたので、腐植活性汚泥法で腐植形成がされたと判定しました。

余剰汚泥が完熟堆肥と同等の性質を示しますので、トマト栽培に余剰汚泥を施用しました。その結果、収穫は良好、農地は団粒構造になっていることがわかりました(図表74参照)。

腐植土壌では、グラム陽性菌が増殖するので、腐植生物処理法でグラム陽性菌であるバチルス属細菌を測定したところ、総細菌数に対してバチルス属細菌数は70〜99%の占有率を示しました(図表23参照)。土壌団粒にはミクロ団粒とマクロ団粒の粒子サイズの異なる団粒があります。

ミクロ団粒に比べてマクロ団粒は、有機物を消耗してマクロ団粒も消耗します。この特性を利用して余剰汚泥削減をして発想を実現させました。発想とその実現化によって腐植の特性(図表19)のうちの③陽イオン交換容量、④団粒構造、⑤生理活性、⑨脱臭、⑩余剰汚泥削減の5つの特性を同時に利用することができました。

❹ 汚水・排水生物処理への腐植利用

1　腐植活性汚泥法

活性汚泥法にリアクターを付加した処理法を開発

　活性汚泥法は、下水の生物処理法として1860年代にイギリスで発見されてから現在に至るまで、環境保全のために発展を遂げてきました。

　活性汚泥法は、汚水の浄化が目的ですから汚水を浄化して河川へ放流するのに、わが国はもちろん世界各地で古くから採用してきました。特に1960年代以降は、活性汚泥法の採用が急速に増え、河川浄化に役立ててきました。

　筆者らは、1980年代から活性汚泥法に腐植バイオリアクター（以下、リアクターと略称します）を追加して汚水処理運転をしたところ、汚水の浄化効果が高く、同時に汚泥が無臭になって、汚水処理施設からの臭気が大幅に改善されることを驚きをもって体験しました。

　その体験から、活性汚泥法にリアクターを付加した処理法を腐植活性汚泥法と称して、社会の需要家に販売していくこととしました。

腐植ペレットの物性

　その腐植活性汚泥法のフローシート例を図表20に示し、そのフローシートの中に用いるリアクターを図表21に示しました。さらに、リアクターの中に用いる腐植ペレットの物性を図表22に示しました。

【図表20　腐植活性汚泥法の例】

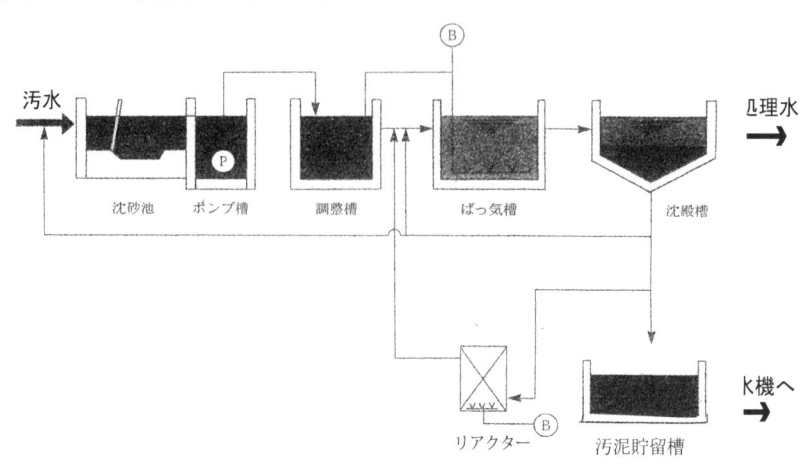

【図表21　リアクター本体概要】

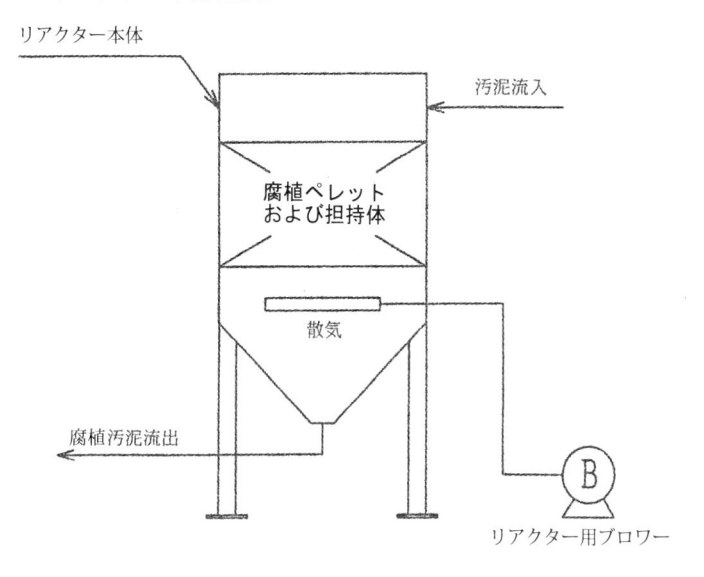

(図：リアクター本体、汚泥流入、腐植ペレットおよび担持体、散気、腐植汚泥流出、リアクター用ブロワー)

【図表22　腐植ペレットの物性】

形状	円筒形ペレット 直径15mm×長さ15〜30mm
見掛密度	1.05g/ml
密度	1.50g/ml
pH	3.0
水分	17　%
有機物	37　%
腐植酸 （HIC-NaOH法）	16　%
TOC	13　%
T-N	1.2%
SiO_2	44　%
Al_2O_3	11　%
Fe_2O_3	7　%
MgO	0.3%
CaO	0.5%

悪臭のない排水処理法

　筆者は、1960年代から活性汚泥法による汚水処理施設の設計業務、調査研究業務に携わっていましたが、1984年に石田有甫さんに会って、悪臭のない排水処理法の実施例をみせてもらいました。

臭気除去と水質浄化を同時に解決できる処理法に強い興味をもち、石田さんから腐植材料を入手して、自分自身で確かめたかったので独力で実験を始めました。それから、腐植活性汚泥法と深くかかわることになりました。

当時の筆者は、従来法の活性汚泥法とは長い付合いをしましたが、そこへ複合的効果を示す腐植資材の出現で、次世代技術になると直感したのです。

調べてみると、当時は既に内水護博士の自然浄化法があり、さらにBMW技術（腐植土と岩石を利用した排水処理技術）が存在していました。しかし、筆者は、腐植資材が確保できたので、自分の従来技術に腐植技術をとり入れて、客観的データを積重ねて腐植技術を理解していく道を選んだのです。

したがって、内水護博士やBMW技術者とはお会いする機会もなく今日に至っています。

腐植活性汚泥法の水質浄化、臭気除去、汚泥改質などの効果

これから述べる腐植活性汚泥法の種々の効果は、環境保全に大きく貢献できる技術と考えているので、普及化には努力していきたいと考えています。

前掲の図表20に示した処理法は、活性汚泥法にリアクターを付加しているだけなので、腐植活性汚泥法と称していますが、本質的には排水中の有機物を分解するのは活性汚泥（微生物と汚泥の混合液）であって、腐植の利用によって活性汚泥の生物相が変化するだけなのです。

活性汚泥の変化によって水質浄化、臭気除去、汚泥改質などの改善を同時にもたらすことができる処理法になったので、その処理法を腐植活性汚泥法（以下、腐植法と略称します）と呼び、その活性汚泥を腐植汚泥と呼ぶことにしたのです。

腐植活性汚泥の生物相の変化については、信州大学の入江鐐三教授が農業集落排水処理施設 JARUS Ⅲ型で腐植法にしたときの菌数測定をしているので図表23に示しました。

【図表23　農業集落排水処理施設 JARUS Ⅲ型のバチルス菌占有率】

釜子処理場	総細菌数 （生菌数/ml）	バチルス属細菌数 （生菌数/ml）　（％）
嫌気槽No1		
汚泥	2.62×10^7	7.08×10^6 (27)
分離水	2.43×10^7	0.2×10^5 (>0.1)
嫌気槽No3		
汚泥	1.20×10^7	1.03×10^7 (86)
分離水	6.00×10^5	0.2×10^5 (>3)

好気槽	4.03×10^4	0.4×10^3 (1)
汚泥接触槽	8.03×10^5	7.73×10^5 (96)
汚泥循環槽	$1.08\text{-}1.62 \times 10^6$	$9.83\text{-}15.8 \times 10^5$ (91-98)
汚泥貯留槽	1.08×10^7	1.08×10^7 (99.8)

注：（　）内は、総細菌数に占めるバチルス属細菌数の割合。
(出典：「腐植土を用いた汚水処理改善におけるBacillus属細菌の優占化について」入江鎌三著、「防菌防黴誌」27巻11号(1999))

バチルス属細菌

図表23は、腐植法にすると総細菌数に対してバチルス属細菌の占有率が高く、嫌気槽での占有率は高くないのに、汚泥接触槽などの好気槽ではバチルス属細菌は90～99%を占めていることがわかります。

さらに、バチルス属細菌は、汚泥に付着し、分離液の菌数が減少していました。

腐植法の優占菌であるバチルス属細菌はグラム陽性菌であるので、腐植法はグラム陽性菌が支配的で、従来法の活性汚泥はグラム陰性菌が支配的であることから、その相違が観察されています。

従来法を腐植法に変更したときは、グラム陰性菌が徐々に減り、グラム陽性菌が徐々に増加して入れ変わっていくのが観察されています。

グラム陽性菌の菌体表層には外膜はなく、ペプチドグリカン層と細胞質膜の二層構造となっていますが、グラム陰性菌の菌体表層は外膜、ペプチドリカン層、細胞質膜の三層構造となっています（図表24参照）。

【図表24　グラム陽性菌とグラム陰性菌の細胞壁の違い】

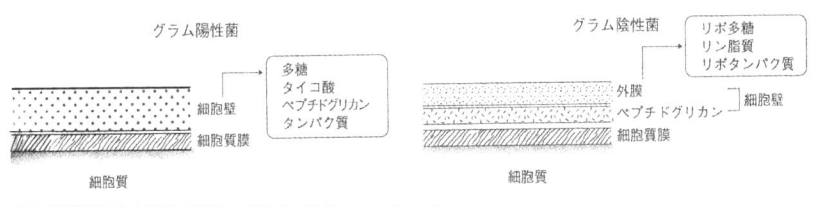

(出典：「標準微生物学」中根明夫、平松啓一、中込治著、医学書院（2009）刊、67頁）

グラム染色

外膜が存在することでグラム染色陰性となりますが、グラム染色はC.Gram(1884)によって考案された細菌の分別染色法です。

土壌中の現象として、有機物が腐敗するとグラム陰性菌の占有率が高く、病原菌活動を促進し、腐植成分の減少がみられます。

好気の自然生態型土壌は、抗菌物質を生成する微生物が多く、有機物の分解で、アミノ酸、有機酸、ビタミン、その他の生理活性物質が多く、土壌団粒形成能が高く、作物の生育を促進し、病害発生が少なく、いわゆる山土の

ニオイが発生し、腐植成分が増加しているといわれています。
　これらの傾向から、好気性自然生態系型土壌と同様に腐植含量を増加した腐植法にすることには、大きい意味があります。

水質浄化、脱臭効果
　従来の活性汚泥法を振り返ってみると、図表25に示すことができます。水質浄化は、長年にわたって環境改善に役立ってきました。しかし、臭気と余剰汚泥に種々の技術で対応しているが、いまだ十分とはいえません。

【図表25　活性汚泥法の収支】

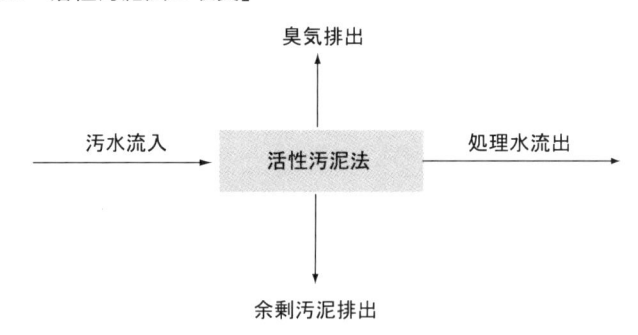

```
                    臭気排出
                      ↑
   汚水流入    ┌──────────┐   処理水流出
   ──────→  │ 活性汚泥法 │  ──────→
              └──────────┘
                      ↓
                    余剰汚泥排出
```

　腐植活性汚泥法により好気の自然生態型土壌のように腐植が増え、グラム陽性菌が増えて抗菌性、脱臭性、生理活性などに利点が確実に得られるならば、図表25の処理水、臭気、余剰汚泥の問題が同時に解決できます。
　そのために腐植活性汚泥法の実験を繰返し行った結果、前に述べたように水質浄化、脱臭効果が再現され、さらに余剰汚泥を脱水して、その脱水ケーキが乾燥しないようにガラスビンに入れて放置しておいたところ、腐敗せず2か月放置後は山土のニオイに変わっていました。
　従来の活性汚泥法の脱水ケーキでは、すぐに腐敗するので、山土のニオイになることはありません。

生ごみ堆肥、家畜ふん堆肥も発酵
　汚泥は、腐敗して悪臭を発生するものだと大部分の人々は思っているに違いありません。したがって、筆者も腐敗しない脱水ケーキを初めて観察したときはこんなことがあるのかと、大きい疑問を感じました。
　しかし、事実であることは間違いないので、過去の思い込みは白紙に戻して考えてみました。これは漬物と同じ発酵であることを知りました。

漬物は、野菜、魚類などの通常では腐敗しやすい食物を発酵させてアミノ酸やビタミンや生理活性物質を生成して、おいしく食べられる食品にしていると同時に、健康食品としても大事な日本人の必需品になっています。
　生ごみ堆肥、家畜ふん堆肥も発酵であって、発酵条件にあわせることで堆肥化できますが、発酵条件にあわなければ腐敗して環境汚染になるだけです。
　堆肥は農地利用されますが、良質堆肥は腐植含量が多く、農地利用効果は大きいのです。良質堆肥は、悪臭はなく、脱臭効果があるので、脱臭用として使っているところもあります。
　腐植活性汚泥法から発生する汚泥が腐敗しないのは、漬物や良質堆肥と同じ発酵と述べましたが、本当かと疑問をもつ人もいることと思います。推定することは仮説であって、仮説を本説にするにはデータに基づいて説明しなければなりません。
　腐植活性汚泥法にすると、脱臭効果があることは次頁以降に実測データで示しています。脱臭は、腐植化とその腐植によるキレート反応によって行われます。汚泥の腐敗が起こらないのは、汚泥の腐植化が進行しているからです。
　腐植含量の多い土壌は腐敗しませんが、腐植含量の少ない土壌は腐敗します。堆肥は、未熟堆肥は腐敗しますが、完熟堆肥は腐敗しません。堆肥の完熟度を示す指標の1つに、陽イオン交換容量(CEC)があります。
　生ゴミ堆肥の完熟化は、CEC = 60me/100g 以上にしなければなりません。腐植活性汚泥法の汚泥で CEC を測定したところ、図表46、76のとおり CEC は 70〜90me/100g を示していました。
　このことは、腐植活性汚泥法の汚泥は堆肥化工程を通過しなくても完熟堆肥と同等に腐敗しないことを示しています。
　CEC が高いと堆肥も腐植汚泥もマイナス電荷が強くなり、プラス電荷のミネラルを多く吸着吸収します。
　そして腐植のもつ生理活性化能力や腐敗菌防除能力が加わって腐敗せずに発酵型好気分解を促すことになります。腐植化が進行して腐植がふえると CEC が高くなることは後述の図表67にも示しています。
　一般に腐植含量が多い土壌ではバチルス属細菌などのグラム陽性菌の占有率が高く、病害発生が少なく、腐敗せず、生理活性物質が多くなります。図表23では、腐植法でバチルス属細菌が総細菌数に対して 70〜99% の占有率を示しています。
　この腐植法の汚泥も脱臭されていて、汚泥は農地還元して103頁の「(2) 腐植汚泥のキュウリ栽培」にその成果を示してします。

2 腐植活性汚泥法の臭気・水質測定例

住宅団地の臭気対策を受注

住宅団地から排出する下水の活性汚泥法(処理量 500〜2,600 m3/日)で、汚泥貯留槽や脱水機室の臭気が強く、住民苦情が寄せられ、臭気対策が必要になりました。

そこで、汚水源から処理施設全般まで脱臭できることを説明した結果、腐植活性汚泥法への変更工事を受注することができました。

設備は、従来の活性汚泥法はそのまま使用し、図表20のフローシートに図表21のリアクターを設置しました。リアクターの中には図表22の腐植ペレットを充填し、リアクターの役割をもたせました。

臭気と水質のデータ

リアクター設置の前後で、臭気と水質のデータをとりましたので、図表26〜28に臭気データ、図表29〜32に水質データを示します。

【図表26　汚泥貯留槽】

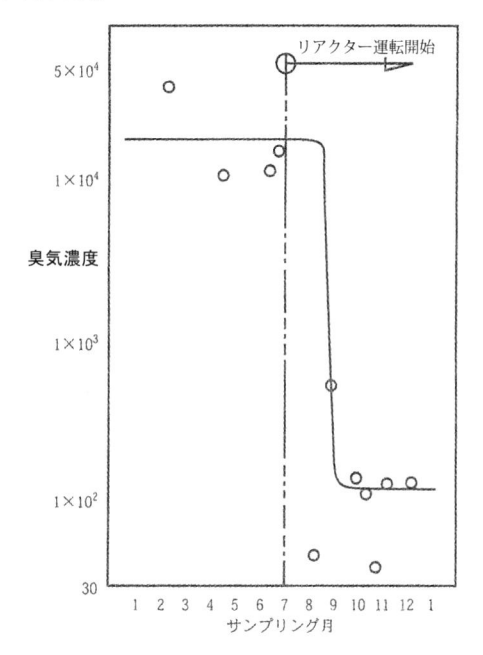

【図表 27　濃縮槽】

臭気濃度 / サンプリング月

リアクター運転開始

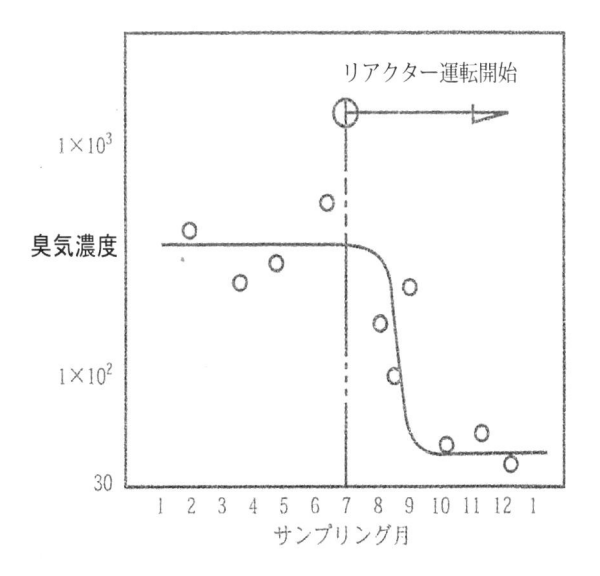

【図表 28　脱水機室】

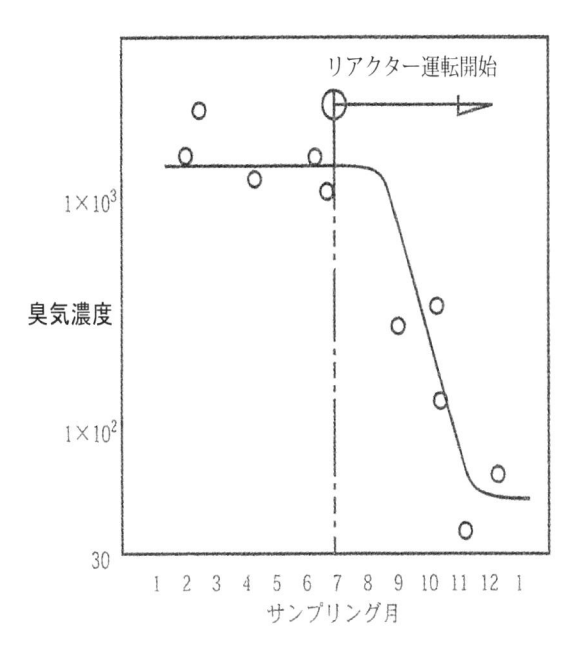

臭気濃度 / サンプリング月

リアクター運転開始

2　腐植活性汚泥法の臭気・水質測定例

【図表29 BOD測定値】

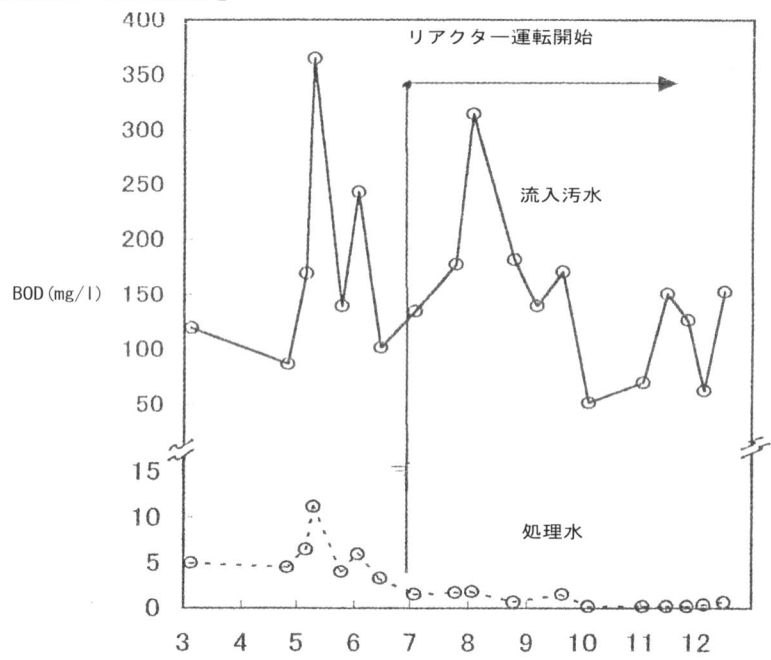

【図表30 SS測定値】

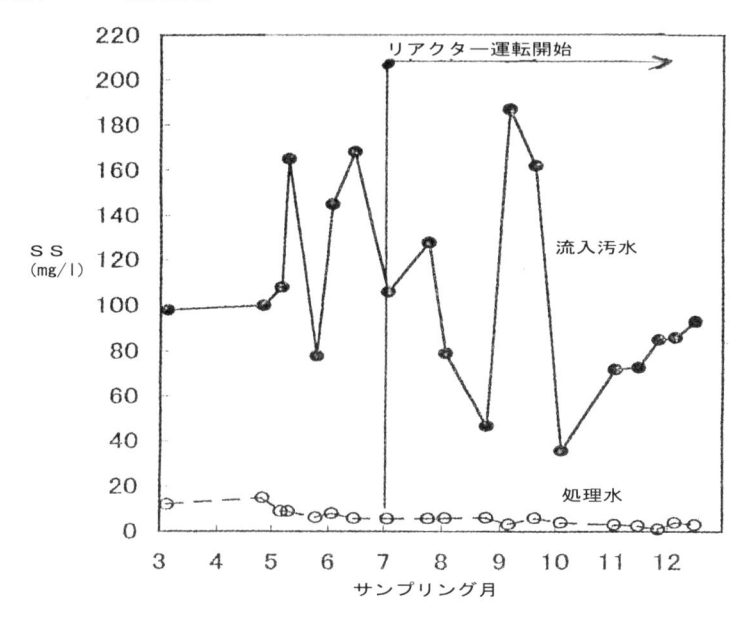

4 汚水・排水生物処理への腐植利用

【図表 31　T-P 測定値】

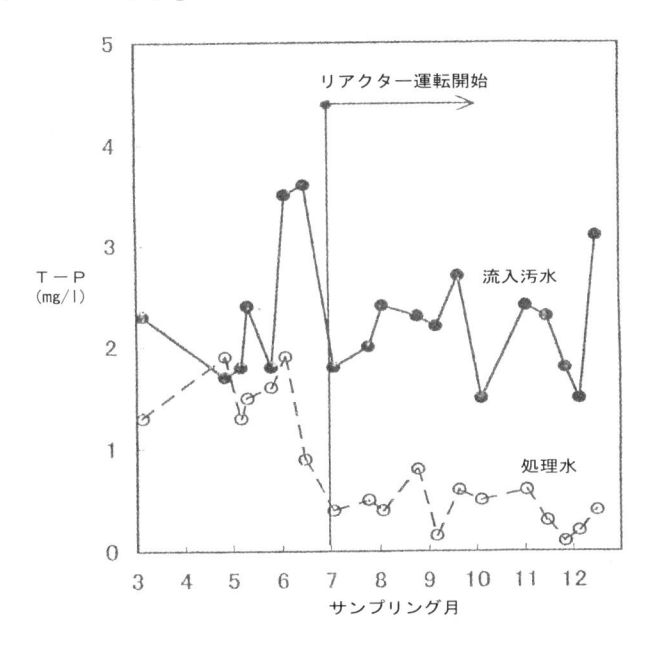

【図表 32　T-N 測定値】

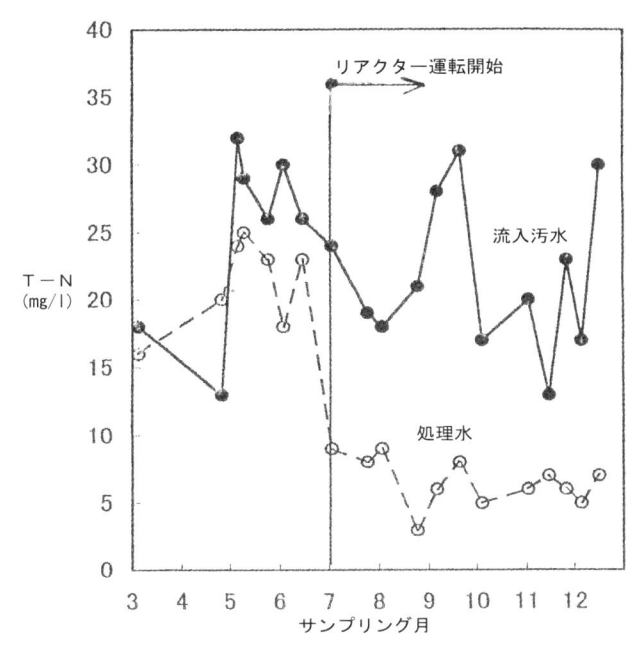

2　腐植活性汚泥法の臭気・水質測定例

図表26～28に示す臭気濃度は、臭気・ガスを無臭空気で希釈したときに臭気を感じなくなる限界の希釈倍率をいいます。
　例えば1,000mℓの無臭空気と臭気ガス1mℓを混合希釈したときに臭気を感じるか、感じないかの限界だったとするとその臭気ガスは臭気濃度1,000といいます。したがって、臭気濃度が大きい値は悪臭が強いこととなります。
　図表26は、汚泥貯留槽から発生する臭気ガスの臭気濃度を測定したところ、リアクターを設置する前では臭気濃度約22,000でリアクターを設置運転した後では臭気濃度約130に減少しました。
　削減率では99.4％になりますが、臭気濃度22,000は1㎥の無臭空気に45mℓ以上の臭気ガスを混合すると臭気を感ずることになり、臭気濃度130は1㎥の無臭空気に81以上の臭気ガスを混合して臭気を感ずる濃度です。
　腐植活性汚泥法で施設内全般に脱臭できるのは、生物反応では臭気除去と腐敗防止，化学的キレート反応では官能基と臭気との結合、などによるからです。
　キレート反応とは、カニバサミ反応とも呼ばれ、カニのハサミではさむように腐植の官能基とミネラルの間に臭気を強力にはさみこむように結合することです。

腐植酸とフルボ酸の脱臭試験
　腐植土から腐植酸とフルボ酸を分離して、別々に臭気ガスと接触させる化学反応の脱臭試験では、腐植酸もフルボ酸も単独で脱臭できることも確かめました（図表33参照）。

【図表33　腐植酸とフルボ酸のメチルメルカプタンとの脱臭反応】

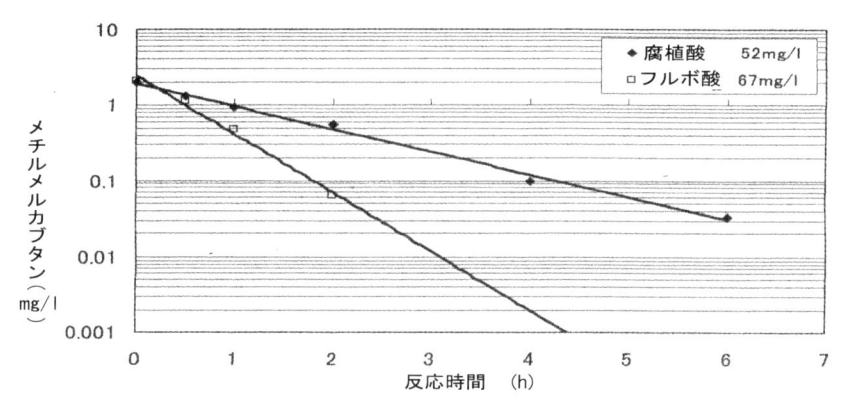

硫化水素の脱臭では、腐植酸とフルボ酸はほぼ同程度の化学反応による脱臭能を示しますが、図表33のメチルメルカプタンに対しては腐植酸よりフルボ酸の脱臭能が大きいといえます。

図表29～32に示した水質データについても、リアクター運転の前後でデータを採取しました。

この処理施設は、悪臭苦情で困っていましたが、水質は良好でした。それでもリアクター運転により処理水の水質で、BOD(生物化学的酸素要求量)は平均5mg/ℓから平均1mg/ℓに減少、SS(浮遊物)は平均7.4mg/ℓから2.5mg/ℓに減少、T-P(全リン)は平均1.3mg/ℓから平均0.6mg/ℓに減少、T=N(全窒素)は平均17mg/ℓから平均8.5mg/ℓに減少しました。

BODとSSについては、活性汚泥に腐植酸とフルボ酸の付着量が多くなると活性度が高まり、BODの除去効果が上昇することがわかりました。

リンや窒素の除去

リンや窒素の除去は、従来法では嫌気―好気の条件にしないと除去効果率は上昇しませんが、腐植活性汚泥法でもリンと窒素の除去率が向上していたので、その根拠を調べた結果、次のことが明らかになりました。

リンについては、一般に好気状態では活性汚泥に容易に吸着しますが、嫌気状態にすると活性汚泥から放出されることがわかっています。

そこで、従来の活性汚泥法と腐植活性汚泥法の各々の沈殿汚泥を27℃恒温槽の中で三角フラスコに500mℓ入れて1日放置してからサンプルを円心分離器にかけて放置前と後の上澄水のT－P（全リン）を測定して放出したリンの値を求めました。その値を示したのが図表34です。

図表34により、2回の実験で腐植活性汚泥法の汚泥は従来活性汚泥法の汚泥の放出リンの40～50％に減少することを確かめられました。

【図表34　放置汚泥から放出するT-P】

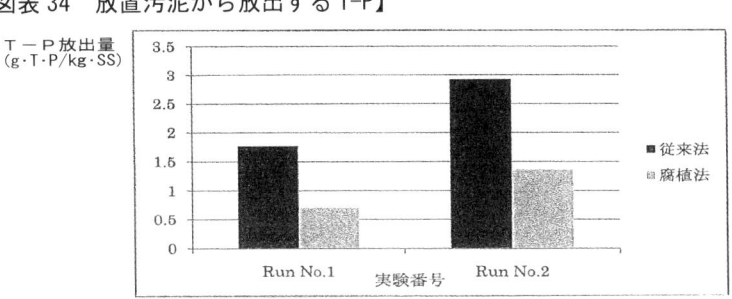

窒素除去効果があったことで注目

　活性汚泥法の生物反応では、ＡＤＰ（アデノシンニリン酸）やＡＴＰ（アデノシン三リン酸）の収支が活発化します。ＡＤＰとＡＴＰはリン酸を吸収するので、従来活性汚泥法に比べて腐植活性汚泥法が活発な生物反応になることはリン吸収が多いことも示しています。リンの吸収が多いとＡＤＰ、ＡＴＰの生成が多くなり、生理活性が高まります。

　また、生物反応には、有機生成物や細胞を生産する同化反応と二酸化炭素を生成する異化反応が起こりますが、異化反応ではＡＴＰを生成するのでリンの吸収が多くなります。

　異化反応は、有機物を炭酸ガスにして放出するので、汚泥が減少することにもなります。リン除去が向上すると、汚泥のガス化で汚泥削減にもつながることになるわけです。

　図表32のＴ－Ｎ（全窒素）除去率は、リアクター運転後に向上していました。この施設は、窒素除去できる脱窒素法の構成になっていないのですが、腐植活性汚泥法にして窒素除去効果があり、注目することができます。

　その後、玉川大学小川人士准教授と大学院生松葉道知君の協力により腐植活性汚泥法の処理槽からアンモニア酸化細菌を分離し、生理学的検討を加えたところ、Nitrosomonas（ニトロソモナス）属の菌株で標準的なアンモニア酸化細菌のニトロソモナス N.europaea ＡＴＣＣ 25978 と近縁の細菌であることを発見しました。

　アンモニア酸化細菌は、アンモニアを取り込み、亜硝酸を排泄する細菌ですが、その細菌は、独立栄養細菌、グラム陰性細菌でＲＮＡ（リボ核酸）遺伝子の塩基配列解析により新株であることがわかったのです。

新株のアンモニア酸化能力

　その新株のアンモニア酸化能力を図表35に示し、新株の特徴を図表36に示しました。

　アンモニア酸化細菌のニトロソモナス属の新株が発見され、標準の菌株と比べて約2倍の亜硫酸生成能力があることがわかりました。

　排水処理の脱窒素プロセスに利用したとすると、単純には硝化槽の容積を従来の半分にすることができます。脱窒素プロセスではアンモニア酸化細菌による硝化槽と脱窒素菌による脱窒素槽が必要なのでシステムとしての実証が必要になります。

　このアンモニア酸化細菌の新株は、特許申請していないので、必要に応じ

【図表35　アンモニア酸化細菌の亜硝酸生成】

【A】30℃　　　　　　　　　　【B】20℃

培養期間（日）

● B2　■ B6　▲ C11　○ N. europaea ATCC 25978

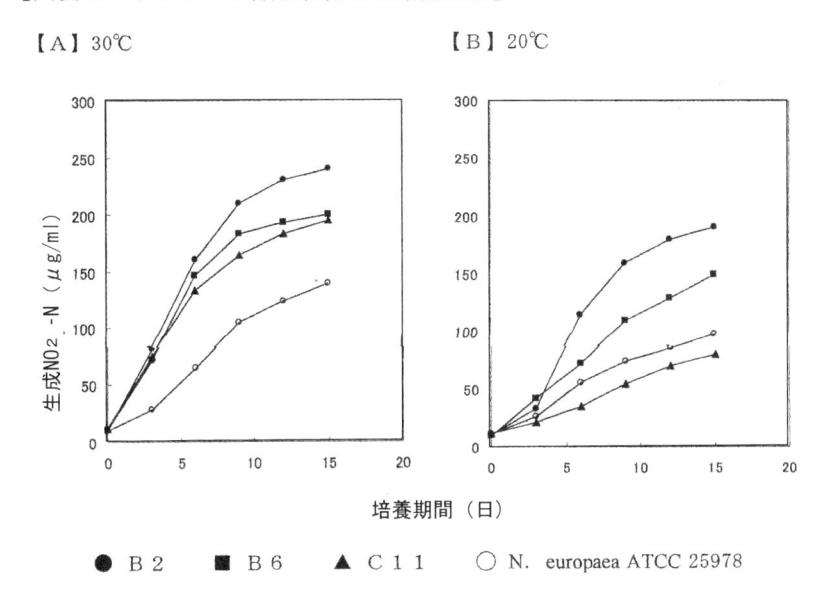

【図表36　発見したアンモニア酸化細菌の特徴】

細菌の形状	桿菌
細菌の大きさ	0.7～0.9×1.0～2.0μm
グラム染色	陰性
コロニーの大きさ	1～2mm
コロニーの形状	赤褐色、円形、表面はなめらか
運動性	非運動性
増殖	独立栄養細菌、偏性好気性細菌
リボ核酸（RNA）遺伝子塩基配列の相同性	97.95%（Nitrosomonas europaea ATCC25978）
生息場所	腐植法廃水処理

て自由に使用することができます。

　堆肥化装置では、このアンモニア酸化細菌により、アンモニア分解促進できる方式として図表94を示しています。

　図表35には、分離した発見菌体のB2株、B6株、C11株と従来から使用されてきた標準的ニトロソモナスN.europaeaATCC25978株の亜硝酸生成能を測定し、B2株はN.europaeaATCC25978株の約2倍の亜硝酸生成能を示すことが明らかになりました。

　この新株は、腐植活性汚泥法の窒素除去率向上の一因となっていたのです。

2　腐植活性汚泥法の臭気・水質測定例

この研究成果は、腐植活性汚泥法にしている施設では少々の窒素除去率に成果が出ていますが、本格的な脱窒素法への進出はしてないので、残念ながら実用には供されていません。アンモニア酸化能力の高い細菌は、発見できましたが、脱窒素法のプロセスに組み入れた正式機関による評価試験がされていないからです。

腐植活性汚泥法の水質と臭気のデータは環境改善に役立つ
　腐植活性汚泥法で観察した主な細菌は、図表37に示したとおりです。
　図表37の細菌は、桿菌で、参考のために図表38に微生物の形成を示しましたが、その中の桿菌は両端が円形の棒状を示しています。

【図表37　腐植活性汚泥法の細菌】

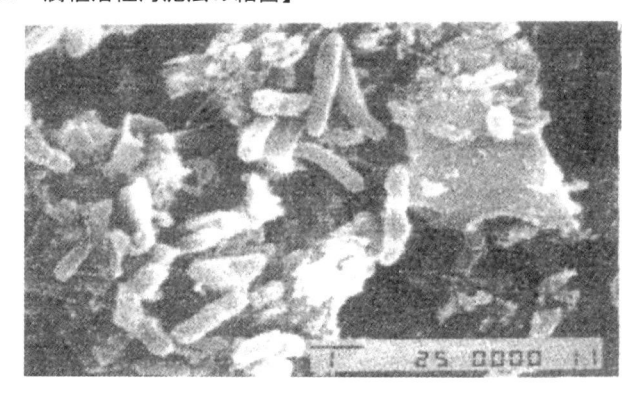

【図表38　細菌の形状】

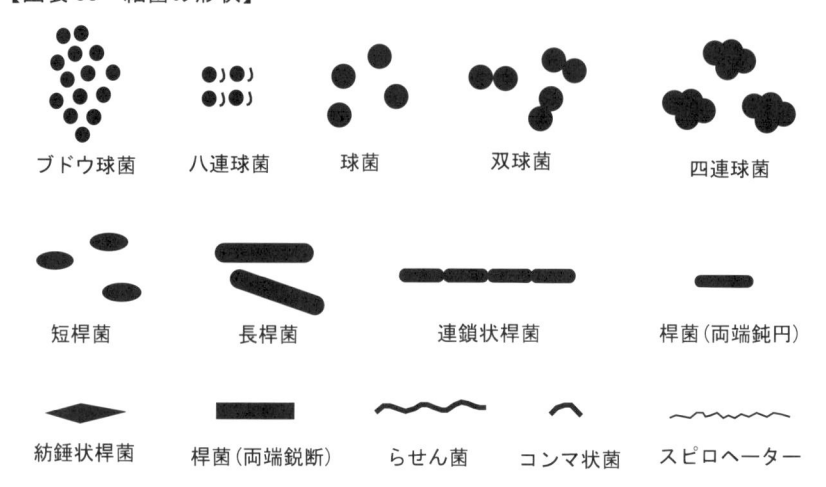

ブドウ球菌	八連球菌	球菌	双球菌	四連球菌
短桿菌	長桿菌	連鎖状桿菌	桿菌(両端鈍円)
紡錘状桿菌	桿菌(両端鋭断)	らせん菌	コンマ状菌	スピロヘーター

❹　汚水・排水生物処理への腐植利用

【図表 39　腐植活性汚泥法のアンモニア酸化細菌】

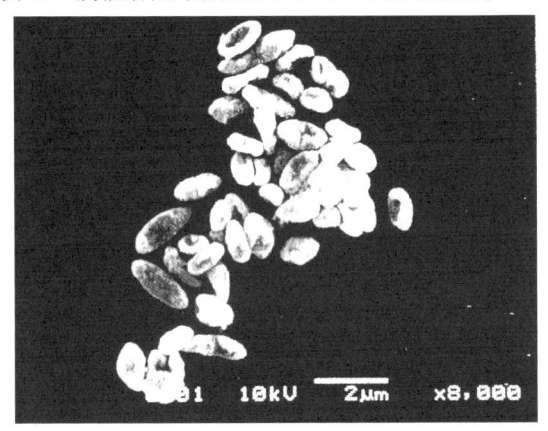

　新しく分離されたニトロソモナス属のアンモニア酸化細菌は、図表 39 のとおりです。腐植活性汚泥法の水質と臭気のデータは良好なので、環境改善に役立つことはいうまでもありません。

　そこで、この水質と臭気への同時効果を示す特性をもっと他の用途にも利用できないかと考えてみました。

　例えば、市街地の下水管梁の陥没事故による損害は、いうまでもなく大きく、その事故原因はさまざまですが、原因の 1 つに管渠のコンクリート腐食が上げられます。

　下水管渠では、腐敗によって硫化水素が発生し、その硫化水素は硫酸を下水管渠内で生成します。

　その硫酸がアルカリ性のコンクリートを中和して腐食するので、陥没事故を起こすのです。その原因と理由を図表 40 に示しました。

　汚水や汚泥が流下する管路などのコンクリート構造物では、硫酸塩が硫酸還元菌により硫化水素を発生します。硫化水素は、硫黄酸化菌により硫酸に酸化されます。

　コンクリートは、微生物腐食に弱く数年で構造物が破壊されることもあります。硫黄酸化菌は、主にチオバチルス属細菌で、中性で増殖するもの、pH ＝ 1 〜 3 で増殖するものがあって、腐食されたコンクリートの表面にチオバチルス属細菌が生息して硫酸を生成していきます。

　正常なコンクリートの pH は 12 前後ですが、硫酸が濃縮すると激しく腐食して pH ＝ 1 〜 3 になり、コンクリート構造物は粉末状になります。硫酸とコンクリート中の水酸化カルシウムが反応して硫酸カルシウムを生成し、

【図表 40　微生物による H_2S 発生とコンクリート腐植】

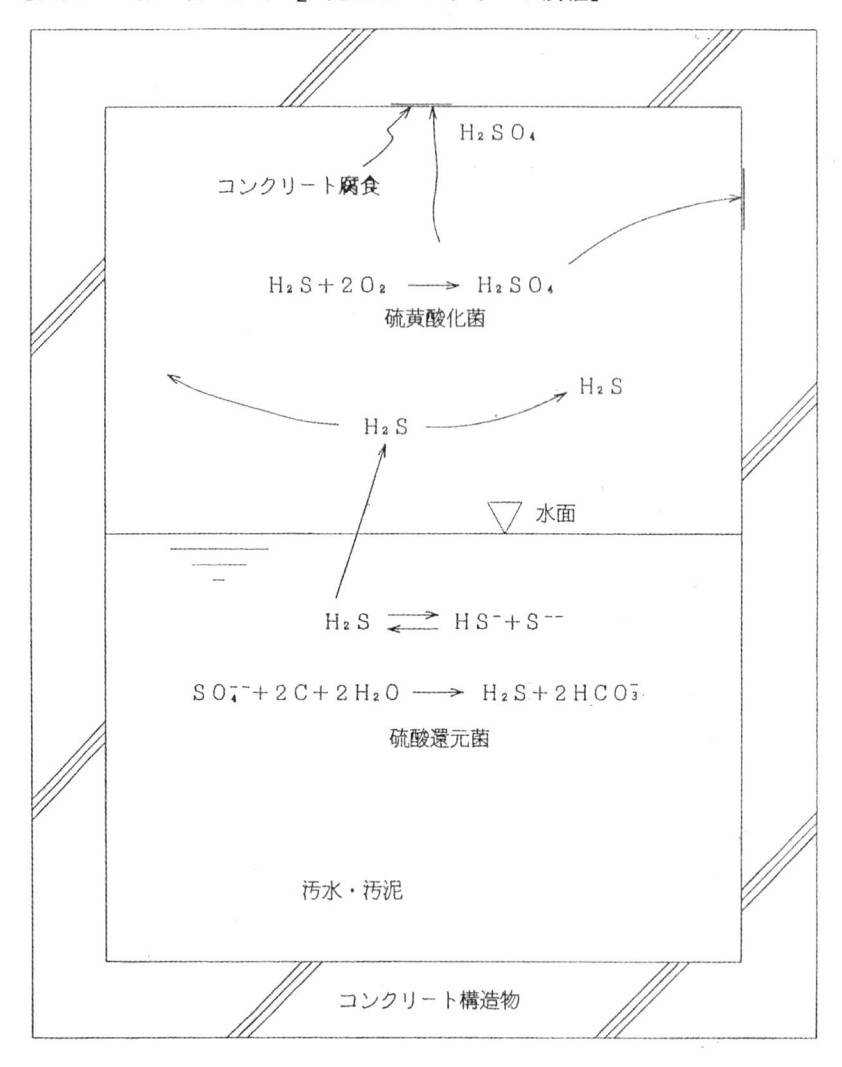

```
                    H₂SO₄
    コンクリート腐食

        H₂S + 2O₂  →  H₂SO₄
              硫黄酸化菌


                         H₂S
           H₂S
                              ▽ 水面
    ─────────────────────────────────

           H₂S ⇌ HS⁻ + S⁻⁻

      SO₄⁻⁻ + 2C + 2H₂O → H₂S + 2HCO₃⁻
                  硫酸還元菌



              汚水・汚泥


           コンクリート構造物
```

引き続く化学反応で白い結晶をもつエトリンガイトが生成されるとコンクリートを崩壊します。

陥没事故の原因は硫化水素と立証して事故対策をたてる

　下水管の曲がり箇所、段差のあるところなどは、特に下水が停滞して硫化水素が発生しやすいのです。
　このような硫化水素を発生しやすい箇所には、硫化水素と硫酸の発生があ

❹　汚水・排水生物処理への腐植利用

【図表 41　汚泥削減システムの例】

っても損傷を受けない材質の素材を使用するか、あるいはコンクリート構造物を使用するなら硫化酸素を発生させない対策を構じなければなりません。

　実際には、硫化水素の発生する箇所と発生しない箇所を事前に区分することは不可能といえます。硫化水素発生の予測が不可能で対策が困難でも陥没事故の損害は大きすぎるのです。現在、全国で年間6,000件の陥没事故があります。

　陥没事故の原因は、硫化水素であると立証したうえならば、事故対策をたてることができるはずです。

　しかし、事故対策を確立して利用できるようにするには、多くの困難を乗り越えていかなければならないので、国家的事業として取り上げてもらう必要があると考えます。

腐敗しない汚泥をつくることもできる

　下水管渠は、バイオリアクターとして利用したらよいといっていた人がいましたが、下水管渠では悪者の微生物を排除して前者の微生物の力を利用して人々の利益になるようにできたらよいと考えます。

　一方では、下水管渠内の硫化水素発生は自然現象であり、止めることはで

2　腐植活性汚泥法の臭気・水質測定例

きないといっている人がいます。この人々が多数いる限り、バイオの力で市街地での陥没事故は解決できないので、特別に強固な構造物にしないと防止することはできません。

技術評価の分かれるところで、分かれる理由を議論したら長くなってしまうので、割愛することにします。

硫化水素の発生を防ぐことは、困難であると考えている人々が多いのですが、実際に硫化水素を抑制することもできるし、発生した硫化水素を除去することもできるのです。

汚泥は、嫌気状態にすると、腐敗するのが当然というのに対して、腐敗しない汚泥をつくることもできることを知ってほしいのです。。

下水管渠の中の腐敗と発酵を取り上げてみてはどうか

いまだに汚泥は、必ず腐敗するのか、腐敗しないようにすることができるのかという2つの相反する現象を社会に広く伝えられていないのです。

しかし、昔の常識は今の非常識との認識で、昔の尺度で評価するだけでなく、新しい尺度でも評価できるように着々とデータで積み上げることを基本にしていくことが大事なことではないかと思います。

筆者は、市街地の陥没事故を腐植法で防止できると断言しているのではありません。まず、下水管渠の中の腐敗と発酵を取り上げてみてはどうかという提案なのです。

下水管渠の中は腐敗するものと決めつけないことです。発酵の腐植法もあるのです。

3 腐植活性汚泥法による汚泥の削減・改質・無臭化

(1) 余剰汚泥削減の実施例

腐植活性汚泥法に切り替えた直後から処理施設全体の臭気も減少

　前項で臭気と水質の効果について述べましたが、発生する余剰汚泥を削減することができたし、汚泥は直接農地還元されても畑で発酵することなく無臭で堆肥と同様に使うこともできます。

　ここでは、最初に余剰汚泥削減の実施例から紹介します。

　それは、余剰汚泥削減のための設備を特別に設けていない排水処理装置で、11年前に従来活性汚泥法から腐植活性汚泥法に運転管理を変更したところ、余剰汚泥がなくなり、現在も脱水処理はしていない余剰汚泥ゼロの実績をあげている排水処理施設があります。

　この施設は、1978年に家畜と畜解体、食肉加工などの処理工程からの排水を処理する目的で設けられてから、今日まで30年間運転されてきました。初期には、隣接する施設からの臭気苦情を浴びながら、約19年間、従来活性汚泥法で余剰汚泥の脱水処理を行ってきたのです。

　その後、これまで採用してきた従来活性汚泥法に、腐植ペレットと腐植粉剤を加えた腐植活性汚泥法に切り換えました。その直後から隣接する施設からの臭気苦情はなくなり、処理施設全体の臭気も大きく減少しました。

　同時にこれまで行ってきた脱水処理の必要はなくなり、以後、現在に至るまで約11年間余剰汚泥の発生はなくなりました。約11年間、汚泥の脱水なしで汚水浄化を行ってきたわけです。

　これにより、脱水機は設置されていますが、11年間使用しないで保管されており、今後も脱水機の使用は必要ないので、販路を探しています。

余剰汚泥ゼロの実施例フローシート

　設備変更しないで腐植活性汚泥法に変更しただけで、これまで発生していた余剰汚泥が発生しなくなったのは、疑う余地のない事実である。この余剰汚泥削減の事実、なぜ汚泥削減ができたのかを理解できるように、既知の技術を組み合わせながら検討を進めてみました。

余剰汚泥発生量は、腐植活性汚泥法に切り換えてから従来活性汚泥法の1/15(推定)となりました。
　腐植活性汚泥法では限りなくゼロに近い余剰汚泥発生になるので、脱水処理を必要としなくなったのです。
　つまり、ゼロと同じことを意味しているのです。この余剰汚泥ゼロの実施例フローシートは、図表42に示すとおりです。

【図表42　腐植活性汚泥法の余剰汚泥削減実施例フローシート】

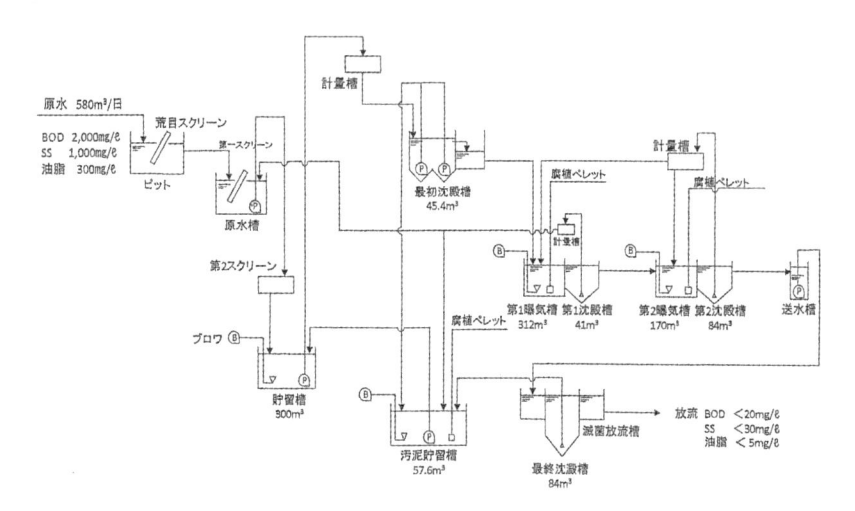

　このフローシートには、余剰汚泥削減のための特別な設備は設けずに、従来活性汚泥法（以下、従来法と略します）に腐植ペレットを曝気槽と汚泥貯留槽に吊り下げて、同時に腐植粉剤を散布して腐植活性汚泥法（以下、腐植法と略します）にしている点が、通常の処理法と異なるだけです。
　この腐植法は、曝気槽と汚泥貯留槽の2箇所で腐植化が進行して余剰汚泥削減になったので、その削減理由を次に示しました。

(2) 余剰汚泥削減になった理由

削減理由1：腐植化で異化反応が多くなり汚泥はガス化
　筆者らの腐植土は、落葉樹の落ち葉と有機物と無機物が約8,000年間地中に埋蔵されて発酵と熟成を繰り返して、腐植酸、フルボ酸、ミネラル，生理活性物質、有用菌などを含むこととなった土壌で、このうちの腐植（腐植酸とフルボ酸）の生成過程は図表4に示すとおりです。

腐植は、カルボキシル基などの官能基をもち、陽イオン交換容量が高く、ミネラルなどを付着する特性をもち、生物反応が活発になり、汚泥を改質し、無臭化し、汚泥削減をする特性があります。

　腐植法にすると異化反応が増えて有機物が CO_2 と H_2O を多く生成することになるので、余剰汚泥が減ることとなります。従来法でも異化反応で汚泥削減されますが、腐植法では異化反応の機会が増えるので一層の汚泥削減になります（図表43参照）。

　異化反応はＣＯ$_2$とＨ$_2$Ｏを発生する反応なので、異化反応を増やすことが汚泥削減につながります。そのためには、腐植化が必要なのです。

【図表43　腐植活性汚泥法の汚泥削減】

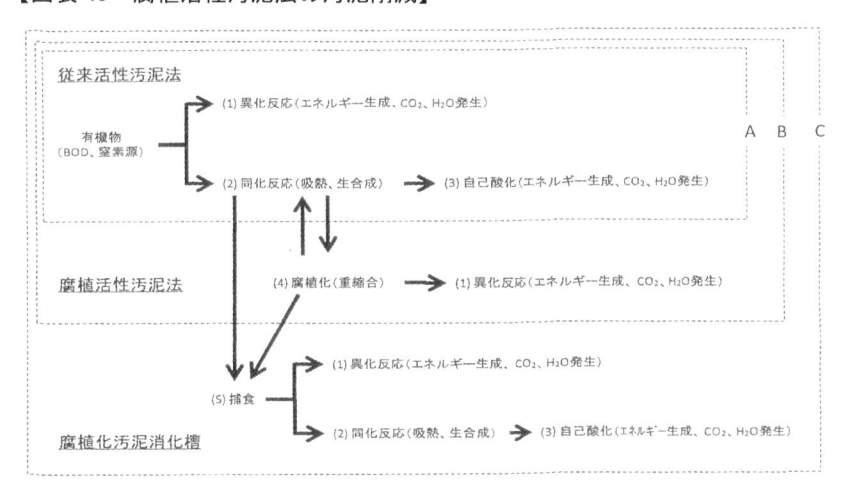

削減理由2：腐植化汚泥消化槽で汚泥が30％に減少

　実施例では、腐植法で汚泥減量した後に汚泥貯留槽で汚泥を腐植化して消化して、さらに30％に削減しています。

　腐植法で60％、汚泥消化で30％、合わせて60％×30％＝18％に削減していることになります。腐植法で削減してから腐植化汚泥消化槽で汚泥削減できるのです。

　汚泥貯留槽では、約10日間の十分な滞留時間をもって汚泥消化をしているので、30％の汚泥削減ができていました。

　腐植化消化による汚泥減少データは、図表44に示すとおりです。

　なお、汚泥脱水が必要になっても、腐植法の腐植汚泥は易脱水性であることを付け加えておきます。

【図表 44　腐植化消化による汚泥削減】

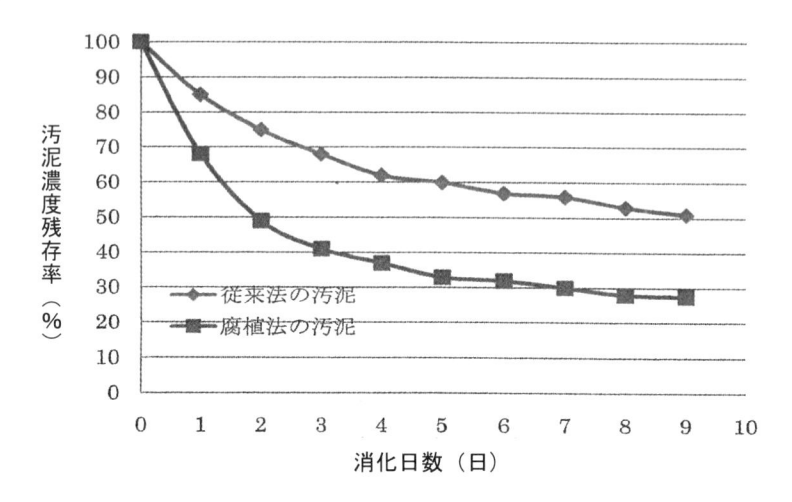

縦軸：汚泥濃度残存率（%）
横軸：消化日数（日）
◆ 従来法の汚泥
■ 腐植法の汚泥

削減理由 3：腐植法と腐植化汚泥消化法の組合せ

　腐植土を用いて、排水処理工程の中で腐植を生成することをするのが腐植法で、腐植生成量が多いほど異化反応が多くなります。

　異化反応は、有機物を CO_2 として放出するので汚泥削減になります。腐植法だけでなく、腐植化汚泥消化槽でも再び腐植化するので汚泥削減量を多くすることができます。

　実施例の余剰汚泥発生量を試算すると図表 45 に示すことができます。

【図表 45　余剰汚泥発生量の比較】

処理方法	余剰汚泥発生量	
	kg/日	m³/日 （汚泥濃度8,000mg/l として）
従来活性汚泥法（A）	209	26
腐植活性汚泥法（B）	14	1.8
比較（$\frac{B}{A}$）	$\frac{1}{15}$	

　腐植法と腐植化汚泥消化法の組合せで従来法の 1/15 の発生量に削減できたので、脱水処理の必要がなくなったのです。

　この実施例の汚泥削減量はでき過ぎですが、ここまで削減しなくても、排

水処理における汚泥処理と処分は最も大きい課題ですので、汚泥削減ができることのメリット長は大きいといえます。

さらに、腐植法で発生した汚泥の脱水ケーキは、堆肥化装置で堆肥にしなくても農地に直接施用して農地で腐敗することなく、臭気発生なしで農地を団粒構造の土壌にして土壌改良効果と肥料効果をもたらし、品質の良い作物収穫を得ることができます。

農業集落排水の腐植法で得られた脱水ケーキの陽イオン交換容量（ＣＥＣ）を測定した結果を図表46に示しました。腐植法の脱水ケーキのＣＥＣは、約70 m e/100 gを示しました。

一般に、ごみコンポスト（堆肥）のＣＥＣは、約40〜100 m e/100 gを示しますので、腐植法脱水ケーキとごみコンポストのＣＥＣはほぼ同じなので、腐熟度もほぼ同じであるといえます。

【図表46　脱水ケーキのCEC】

サンプル	H2O (%)	C (%)	N (%)	P2O5 (%)	K2O (%)	CaO (%)	CEC (me/100g)
腐植法	69.7	10.4	0.95	1.21	0.34	0.42	71.4
腐植法	82.0	5.3	0.82	1.07	0.07	0.37	68.6
従来法	97.7	36.7	5.16	5.31	0.36	0.35	15.9

このことは、腐植法脱水ケーキは堆肥化工程なしで同等の発酵が排水処理中に行われていたこととなるのです。

堆肥の腐熟度の判定にCECを用いる場合には、CEC値が60 m e/100 g以上で腐熟しているとしています。

腐植法脱水ケーキは、この腐熟判定基準からも、堆肥をしなくても腐熟していたことになります。

実際の腐植法脱水ケーキは、無臭で、放置しておいても腐敗はしないで長く保存しておくと山土のニオイになってきます。

このような汚泥改質により、直接農地に利用できるので、重金属などの有害物質のモニタリングで安全確認すれば経済的な汚泥の廃棄物処分であり、汚泥の資源化になります。

腐植法脱水ケーキの農地利用による効果については、❻も参照していただきたいと思います。

これからの排水処理・処分法の進め方

　排水を腐植活性汚泥法で処理すると、システム内で臭気、水質、汚泥に一括同時処理効果を示すことができました。排水処理施設は水質公害への対策として設けられています。

　ここで人が豊かに暮らすのに寄与できる排水処理法を考えてみます。

　水質は河川、湖沼、海への水質汚濁、富栄養化対策として法規制されていますが、人は河川景観、湖岸景観と水辺に水鳥・昆虫・魚が育つなどの心の安まる憩いの場を求めていると思います。

　水辺づくりは、水質だけでなく場所づくりも併せて必要になります。

　腐植活性汚泥法の処理水の利用例として113頁の「(6) 汚水の処理は宝の水、ハエも退治」の項で述べていますが、処理水が生態系の保全に役立っているのです。

　水質のBOD、CODの対策をしながら鳥類、魚類、植物の育つ生態系づくりの水質管理をこれから求めなければなりません。臭気は、法によると悪臭公害があれば、規制基準以下であっても苦情があれば苦情を解決するための対策を進めなければなりません。

　悪臭対策としては、悪臭を捕集してから脱臭装置で除去する発生対策と、悪臭が発生する前に除去する発生源対策があります。後対策と源対策のどちらがよいかは、状況に応じて対策することになります。

　腐植法にすると、46頁以降のデータに示すように発生源で除去でき、周囲に悪臭が拡散する前に脱臭できる利点があります。排水処理費用の中で最も費用がかかるのが余剰汚泥の処理・処分の費用です。

　腐植法にすると、前述のとおり余剰汚泥削減ができますので、費用節約になります。余剰汚泥削減は、産業廃棄物処分地が不足していることから投棄量の削減と管理者の費用節約になります。

　農家と協力関係をもつことにより、余剰汚泥の全量は廃棄物にしないで、特殊肥料として農地還元して資源にすることができます（❻参照）。農家は農地を肥沃化し、排水処理管理者は処理・処分費の節約になります。腐植利用は、環境保護になるのです。

❺ 腐植・フルボ酸の脱臭

1 腐植質脱臭剤

脱臭法

　下水処理場や排水処理場などから発生する臭気ガスは、捕集して脱臭塔に送り込むだけで脱臭するのが一般的です。その脱臭塔の中に脱臭剤として使用できる材料として活性炭が最も普及しています。

　活性炭は、多孔質構造で、臭気ガスを送気すると臭気成分を吸着することにより脱臭します。

　この場合、空塔速度（充填物がない空塔とみなした塔内流速）を大きくできるので、脱臭塔をコンパクトにすることができますが、多孔質への吸着で脱臭するので、臭気成分だけでなく、水分も吸着すると多孔質の飽和が早まり、寿命がきて新品と交換しなければなりません。

　活性炭は、飽和になると、脱臭効果は急激に低下します。したがって、活性炭の交換は、余裕をもってしなければならないので、その交換時期の決定には十分に注意して使う必要があります。

生物脱臭法

　生物脱臭法の１つである充填塔式生物脱臭法は、脱臭塔の中に充填材を設けてその充填材に微生物を付着させ、そこへ臭気ガスを送り込んで脱臭します。

　この場合、生物を維持するために空塔速度は小さくなるので、脱臭塔は大きくなり、装置費用は大きくなります。生物が脱臭効果を発揮するまでの馴致期間が必要になりますが、活性炭交換費用のような維持費は不要になります。

土壌脱臭法

　生物脱臭法の２つ目として、土壌脱臭法は、土壌の中に臭気ガスを送り込み脱臭する方法です。この場合、特に広いスペースを必要とし、管理には雑草、ひび割れを防ぐための散水などが必要になります。活性炭交換のような費用発生はありません。

　ここまでは、脱臭法の概略を述べました。いずれも社会で評価され、実用化されていますが、一長一短があります。

　そこで、もっと使いやすい脱臭法をつくれないかと考えました。

腐植土を原料とした腐植質脱臭剤

①土壌脱臭法で使用する土壌に腐植土を利用する案、②充填塔式生物脱臭法の循環液に腐植土を使用して充填塔全体の生物を活性化する案などを検討してみましたが、脱臭効果への寄与は期待できるかもしれないものの、従来技術の延長線上でしかないと判断しました。

最終的に、腐植土を原料とした腐植質脱臭剤を開発することにしました。

その使用法を図表47に示します。その脱臭剤は、現在もボエフの商品名で販売されています。

【図表47　腐植質脱臭法】

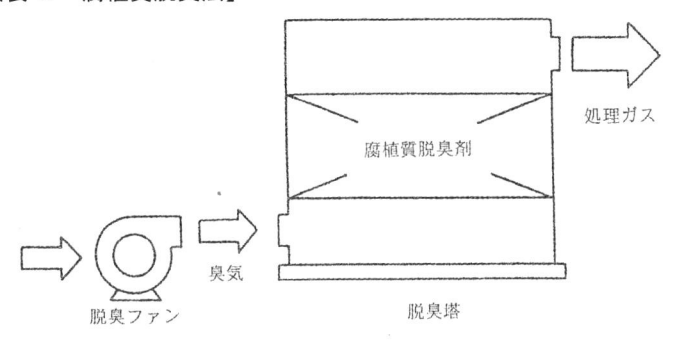

腐植質脱臭剤の開発にあたっては、次の内容をもたせることにしました。
① 脱臭効果

脱臭剤として当然の効果を発揮しなければなりません。試作品で効果と寿命試験を繰り返し、いずれも優秀な成果が得られたので、商品として販売開始しました。実施例の脱臭効果を図表48に示しておきます。

【図表48　腐植質脱臭剤を用いる脱臭法の代表的な実施例】

業　種	設置場所	処理風量 m³/min	設置年月	概要	脱臭効果	
					臭気	処理ガス
し尿中断所	神奈川県	200	63.4	し尿中断所、バキューム車投入時に発生する臭気を吸引し、除去している	H_2S　　12ppm MM　　0.78ppm DMS　0.25ppm	臭気強度 2.5以下 臭気濃度41
下水処理場 （沈砂池）	岐阜県	230	元.3	破過しても急激に脱臭効果が落ちない特徴を生かし、寿命の期限をさらに大きく延ばす方法を採用し、低コスト化を実施している	H_2S 　0.6〜31ppm MM 0.23〜1.8ppm	臭気強度 2.5以下 臭気濃度73
汚水中継ポンプ場	群馬県	45	2.3	汚水中継ポンプ場から発生する臭気を吸引し、除去している	臭気強度 　　3.0相当	臭気強度 2.5以下 臭気濃度31

1　腐植質脱臭剤

施設	所在地	風量	値	処理内容	入口臭気	出口臭気
し尿処理所（し尿投入施設）	神奈川県	500	3.3	し尿受槽等の高濃度臭気を薬液洗浄にて一次処理し、投入室内からの臭気と合わせて処理している	H2S　　1ppm MM　　0.12ppm NH3　　1ppm DMS　　0.03ppm	臭気強度 2.5以下 臭気濃度55
下水処理場（沈砂池）	宮城県	420	4.3	二重覆蓋建屋式による沈砂池、除塵機等からの臭気を吸引し、除去している	臭気強度 3.0相当	臭気強度 2.5以下 臭気濃度55
下水処理場（ばっ気槽）	神奈川県	600	4.3	覆蓋されたばっ気槽からの湿気の多い臭気を吸引し、除去している	臭気強度 3.5相当	臭気強度 2.5以下 臭気濃度31
農村集落排水施設	山形県	15	5.3	原水槽、スクリーン槽、汚泥濃縮槽から発生する臭気を吸引し、除去している	臭気強度 3.0相当	臭気強度 2.5以下 臭気濃度41
下水処理場（脱水機室）	埼玉県	240	5.3	汚泥処理工程から発生する臭気を吸引し、除去している	臭気強度 3.0相当	臭気強度 2.5以下 臭気濃度55

② 脱臭塔がコンパクト

充填塔式脱臭法や土壌脱臭法の生物脱臭法は脱臭塔が大きくなります。活性炭の脱臭塔と同等に脱臭塔を小型化する必要がありました。そのために半ば生物脱臭、半ば化学脱臭の腐植質脱臭剤をつくることにしました。

生物脱臭を主力にするとコンパクト化ができないので、コンパクト化することにより生物脱臭効果が低下しますが、低下分を補うために腐植酸とフルボ酸による化学脱臭をとり入れて組み合わせることにしました（化学反応は図表33参照）。

③ 馴致期間をなくす

生物脱臭の効果だけを頼りにすると、生物が順調に効果を示すまでの馴致期間が必要になります。腐植酸とフルボ酸のキレート反応による化学脱臭が進行している間に生物脱臭が立ち上がればよいので、半ば生物、半ば化学の発想により馴致期間をなくすことができました。

④ 長い寿命

生物脱臭法であれば生物が脱臭するので、脱臭剤の費用はかからないのですが、腐植質脱臭剤の化学脱臭に限界があるので、脱臭剤としての費用が必要になってきます。その費用節約のために、寿命を長くつくりました。

⑤ 湿度に強い

臭気ガスはほとんど湿気が高いので、活性炭脱臭ではミスト除去してから

脱臭しています。

　腐植質脱臭剤は、適当な水分を供給するほうが生物脱臭効果が良くなります。

⑥　廃棄物処分

　使用済の脱臭剤は廃棄物として処分しなければなりませんが、腐植質脱臭剤の場合は、堆肥化装置に混入して脱臭と腐植成分添加に役立てています。

使いやすい脱臭法

　腐植酸とフルボ酸の特性として脱臭効果、生物反応活性、キレート反応（化学反応）に効果を示すことから、前述したように半ば生物、半ば化学の中間的な腐植質脱臭剤をつくることにより、使いやすい脱臭法にすることができました。

　市場に出ている腐植質脱臭剤ボエフの形状を図表49、脱臭反応の要点整理を図表50、物性と対象ガス成分を図表51に示しました。

【図表49　腐植質脱臭剤ボエフの形状】

【図表50　腐植質脱臭剤ボエフの脱臭反応】

	脱臭反応	湿度の影響
物理吸着	腐植質脱臭剤は、多孔質であるため、悪臭物質を物理吸着する。	多孔質内に水分が吸着すると、物理吸着はやや低減する。
化学反応	主成分の腐植質と添加物質による化学反応により、悪臭物質を無臭の別物質に変え、脱臭する。	湿度にはほとんど影響されない。
生物反応	悪臭成分は、腐植質脱臭剤に取り込まれてから、生物的反応によって分解される。	生物的反応は、湿度が高いほど促進する。

【図表51　腐植質脱臭剤ポエフの性状および対象ガス】

	適用ガス	酸性ガス	アルカリ性ガス	両性ガス
	名称	ポエフEPS	ポエフEPN	ポエフEPSR
性状	形状	円柱状	円柱状	円柱状
	粒度（メッシュ）	4～8 95%以上	4～8 95%以上	4～8 95%以上
	見掛密度(kg/l)	0.75	0.65	0.65
	硬度(%)	95以上	95以上	95以上
脱臭対象ガス	アンモニア	△	◎	○
	メチルメルカプタン	◎	△	◎
	硫化水素	◎	△	◎
	硫化メチル	○	△	○
	トリメチルアミン	△	◎	○
	アセトアルデヒド	―	―	○
	スチレン	△	―	○
	二硫化メチル	○	△	○

　新しい要望に応じられるように、腐植酸とフルボ酸の生物的、化学的な特性を利用して脱臭剤をつくりあげた例を示しました。このことで、腐植の複合効果の理解になればと思います。

　この腐植質脱臭剤は、寿命を長くするために生物作用を利用する必要がありました。

　あるとき、脱臭塔は1塔でよいのですが、2塔あるので、2塔で1塔分の使い方をしてもよいといっていただいたことがあります。

　そこで、好意を受けて、2塔で1塔分の使い方を始めました。

　その結果、腐植質脱臭剤の寿命は3倍になったのです。実際には2倍の使用量なので6倍の長寿命になったことになります。

　この腐植質脱臭剤の使用後は、堆肥化工程で使用してもらうことになります。堆肥化工程で最後の臭気低減化に役立ちながら、堆肥に混入されて農地に返っていくことになるわけです。

2　フルボ酸消臭液

フルボ酸の消臭試験

　市場に出回っている消臭剤には、芳香剤、消臭剤、脱臭剤、防臭剤と呼ばれているものがあります。その消臭原理は、芳香性香料によるマスキング、化学反応による消臭、吸吸、吸着による消臭があって、消臭液は取扱いは同じで噴霧・散布・蒸発などで消臭するものです。腐植酸とフルボ酸が先に図表33で化学的に臭気除去できることがわかっていたので、腐植抽出液であるフルボ酸の消臭試験をしてみました。

　試験は3ℓの臭い袋に臭気ガスを入れ、フルボ酸5mℓを注射器で臭い袋に注入して、臭い袋を振って時間の経過とともに臭気成分を測定したのです。

　その測定例を図表52～54にアンモニア、ノルマル酪酸、イソ吉草酸の消臭データを示しました。

【図表52　フルボ酸のアンモニア消臭試験】

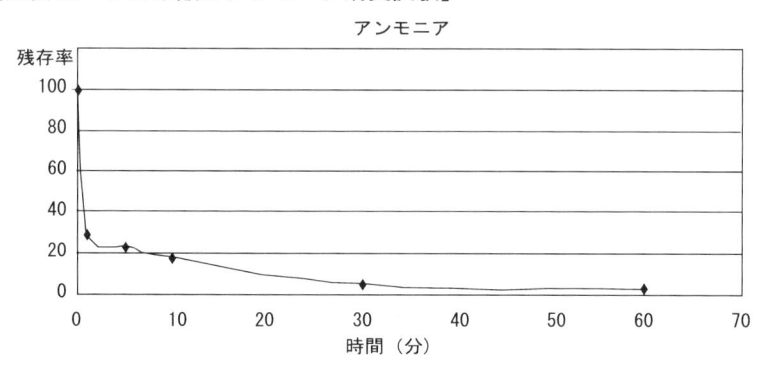

【図表53　フルボ酸のノルマル酪酸消臭試験】

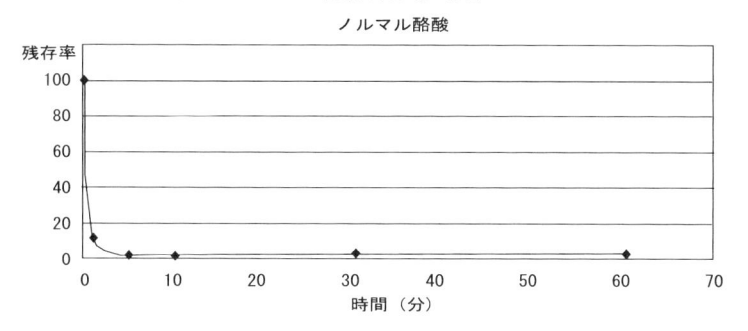

【図表54　フルボ酸のイソ吉草酸の消臭試験】

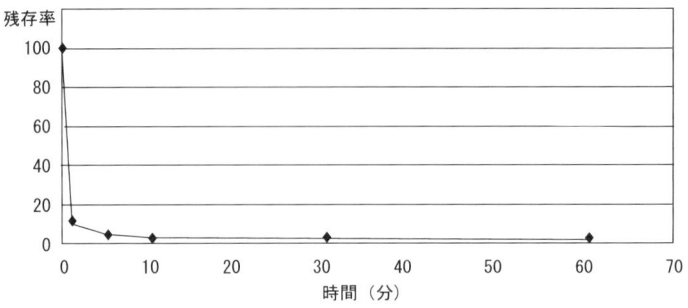

イソ吉草酸

(グラフ：残存率(%) vs 時間(分)、0分で100%から急激に減少し、1分以降はほぼ0%で推移)

フルボ酸培養液を使用できる

　このことにより、フルボ酸の消臭力を再確認できましたので、次にフルボ酸に栄養剤を加えて水で希釈して、通気培養して培養後の上澄液の消臭効果を調べました。その結果は、図表55のとおりでした。このときの試験法は、前述と同様としました。

【図表55　フルボ酸培養液の消臭試験】

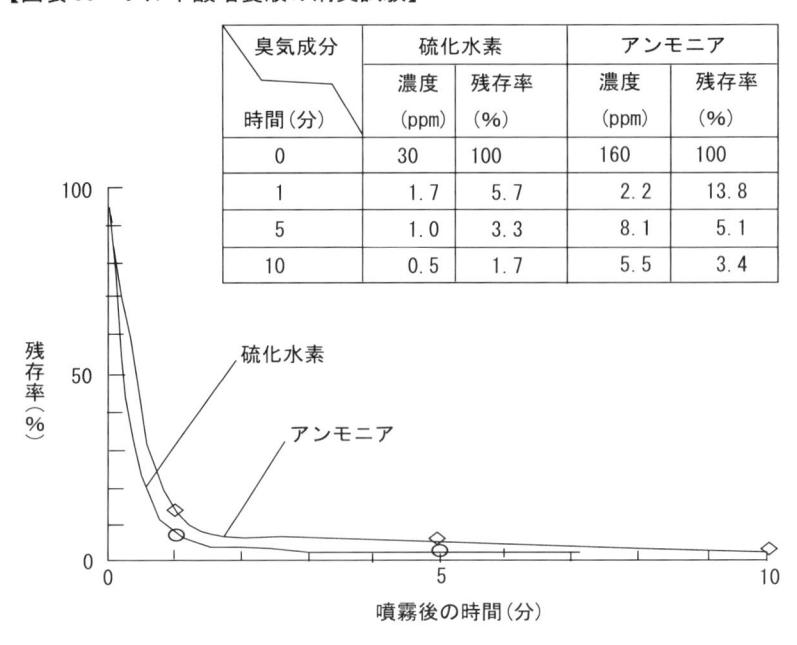

臭気成分　時間(分)	硫化水素 濃度(ppm)	硫化水素 残存率(%)	アンモニア 濃度(ppm)	アンモニア 残存率(%)
0	30	100	160	100
1	1.7	5.7	2.2	13.8
5	1.0	3.3	8.1	5.1
10	0.5	1.7	5.5	3.4

(グラフ：残存率(%) vs 噴霧後の時間(分)、硫化水素・アンモニアとも急激に減少)

　このことから、フルボ酸を原料として培養すると消臭液の増産ができたので、消臭液の需要に対してはフルボ酸を消臭液として使用するだけでなく、

フルボ酸培養液を使用することもできることがわかりました。

フルボ酸は、天然の腐植土の一成分で安全性が高いのですが、念のため種々の毒性試験をして安全性確認をしています。

マウス急性経口毒性試験で14日間観察し、異常および死亡例は認められませんでした。ＬＤ50は2,000 mg/kg以上でした。マウス皮膚刺激試験、眼粘膜刺激試験、ヒメダカ毒性試験などで、異常は認められませんでした。変異原性スクリーニング試験で、変異原性は陰性で育成障害も認められなかったのです。

人体からのニオイの消臭

消臭液は、種々の環境や人体に噴霧・散布しますが、人体に触れる場合には安全が大事です。人体からのニオイには香水などを使用することが多いですが、最近は無臭性を好む人が多くなっています。

人体からのニオイは複合臭なので、単一の臭気成分を断定しにくいのですが、人体部分と主なニオイ成分は、図表56のとおりです。

【図表56　人体部分と発生する主なニオイ】

人体部分	ニオイの元	主なニオイ成分
脇の下	汗	ノルマル酪酸
股間	糞・尿	アンモニア、硫化水素
足の裏	汗	イソ吉草酸
全身	汗・脂質	ノネナール、アセトアルデヒド

人体部分とニオイ成分を知ったうえで、例えばフルボ酸でニオイ発生重点部分を無臭化し、全身を香料で微香性にするのもオシャレかもしれません。

フルボ酸培養液の消臭液を生ごみ収集のパッカー車に使用したところ、臭気濃度が95％除去できました。この消臭液をパッカー車のごみの上から散布すると、一時的に生ごみの消臭ができます。

そして、次から次へと生ごみが積み込まれたときには、パッカー車の底部でごみ汁に混入した消臭液がパッカー車の移動中に蒸発して消臭することがわかりました。

また、パッカー車は、洗浄して駐車場に停車したとき、駐車場が臭気で困っていましたが、この消臭液を使用してからは、パッカー車の移動中も駐車場

も臭気問題を解決することができました。

生ごみパッカー車の臭気サンプリングと臭気測定をしている筆者を図表57に示しました。

【図表57　生ごみパッカー車の臭気サンプリング中の筆者】

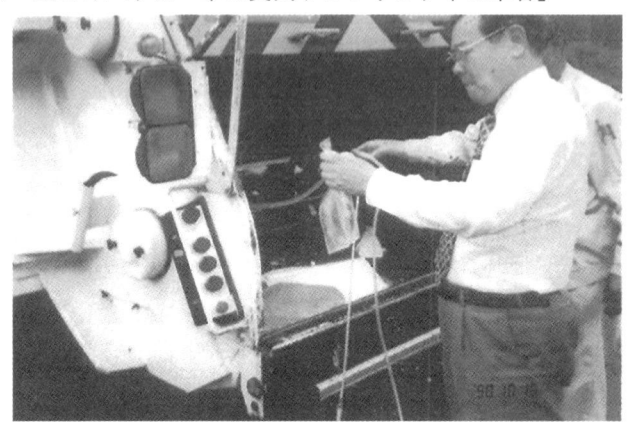

うがい薬にも使っている

筆者はフルボ酸を種々の用途に使っていますが、その一使用例としてフルボ酸をうがい薬にも使っています。フルボ酸でうがいを就寝前にすることにより、口腔内の消臭と殺菌をしているのです。消臭効果は、これまでの説明通りで、殺菌は後述しますが、フルボ酸は抗菌効果があります。このうがいにより、口腔内の健康維持をして、いつまでも美味の食事ができるようにと願ってフルボ酸を使っています。

安全なフルボ酸の一使用例として、消臭液を取り上げてみましたが、根底では、人々が健康に過ごすために身の回りの小さいことから、安全、環境、生態などのキーワードを常に念頭に入れて行動すれば地球環境はよくなっていくものと信じているのです。

口腔内のうがいの際にフルボ酸で歯をみがくと、歯の補強に使用している金属の汚れがとれて、きれいにみがけます。自宅の風呂にフルボ酸を100ml程度加えて1番目入浴したときは、塩素臭が脱臭されています。

翌日、同じ風呂水の2度たてかえしでも、風呂水から臭気は出ません。一般的に、若い人が入浴すると、2度たてかえしの風呂は、臭いで入浴できませんが、脱臭されている筆者の家の風呂では、2度たてかえしで水道使用量を減らしています。

3　フルボ酸の抗菌・消臭

不幸要素は単独で解決しようとしても無理

　人々が幸せに暮らしていくには、病気のない健康な生活を維持するとともに、自然と景観が保護・保全されているところで人々と理解し合い、家族にめぐまれて長生きすることであると筆者は思っています。

　物質の豊かさを求めて工業が発展しましたが、環境に歪みを起こしています。食物を食べすぎてぜいたく病を起こしています。病気を治療するのに抗生物質を使うと、耐性菌が発生してさらに病気を増やしています。

　景観を楽しみにでかけるとゴミの山。生物多様性を守るために生物絶滅危惧種を指定すると、人々の盗みによって生物が絶滅してしまうので、生物絶滅危惧種は公表できないなどなど、幸せに暮らせない要素がいっぱいあります。

　これらの不幸要素は、単独で解決しようとしても無理で、種々の要素と相関関係があることを認識しなければなりません。

自然保護・景観保護

　ドイツには、「自然保護ならびに景観保護法」が制定されていて、その第1条は「自然と景観は人間の居住・非居住に拘らず保護・保全し、それを展開していかなければならない」と明記されています。

　景観は、種々の因子と相関関係を保ちながら維持されるもので、因子には地形、水、気候、土壌、植物、動物などがあげられます。これら因子の保護、因子の相関関係の保護を展開していかければならないのです。

　このように考えると、自然と景観は人類だけでなく、他の生物生態系の保護、保全をも同時に配慮しなければなりません。人類は、ともすると人類だけのことを考え、地球環境に歪みをもたらすのです。

　そこで、人類だけでなく、全生物生態系のための環境にすると地球の自然循環が行われて、地球の生物生態系が維持されることとなります。

　自然環境により、生物生態系のバランスがとれ、食物生産、原料生産、健康な生物生長、健康な生物の自然治癒力、景観などが得られなければなりません。

病原菌抑制作用（抗菌性）・脱臭性・生理活性機能・抗酸化性

　落葉樹の落ち葉と有機物・無機物が約8,000年間地中に埋蔵されて発酵

と熟成を繰返して生成された腐植土は、自然循環が十分に行われた産物で、種々の特性をもっていることは既に述べてきましたが、そのうちの病原菌抑制作用（抗菌性）、脱臭性、生理活性機能、抗酸化性などについてここでとりあげてみます。

　豚に腐植土を飼料に添加して給餌すると、成長が促進し、健康的増体になり、下痢をとめるという効果があります。森林の中には隠れ信玄湯治湯ならぬ隠れ腐植土があって、弱った動物達は腐植土を食べにきて健康を回復させてきた例がたくさんあります。

　生態系の進化から得られた天然の腐植土を森の動物に限らず動物病院で病気治療と健康促進のために使ったら、治療薬の節約だけでも環境と健康に役立つはずです。

　このことが実用された、腐植土を自然界から入手するだけでなく生態系のバランスをとりながら生産することも必要となります。

　腐植土の効果は数多いですが、活用しやすかったのが汚水浄化や脱臭剤でした。腐植土を人々に食べてもらうには、あまりにも抵抗があります。体に塗って皮膚から浸透させる使い方は、可能でしょう。

フルボ酸の除菌・除ウイルス・消臭効果

　ここでは、腐植土から腐植抽出液を濾過抽出してフルボ酸をつくり、そのフルボ酸の除菌・除ウイルス・消臭効果を調べたことについて述べます。

　除菌は細菌感染症の予防と治療のために大腸菌、黄色ブドウ球菌、緑膿菌、結核菌などの病原菌を死滅させて除外することであり、除ウイルスはインフルエンザウイルスやロウイルスなどのウイルスを不活性化することであることはいうまでもありません。

【図表58　主な消毒薬の消毒対象と使用濃度、注意点】

効果	一般名/主成分	商品名	消毒対象	使用濃度	注意点
高	グルタルアルデヒド	ステリハイド グルトハイド ステリゾール	内視鏡 ウイルス汚染器材	2〜3.5%	人体への毒性あり（皮膚への液の付着や蒸気による眼、呼吸器粘膜の刺激に注意）
	フタラール	ディスオーパ	内視鏡	0.55%	
中	次亜塩素酸ナトリウム	ミルトン ハイポライト ピューラックス	哺乳瓶 食器類 ウイルス汚染器材 ウイルス汚染血液	0.01〜 0.0125% 0.02% 0.05〜0.1% 0.5〜1%	金属腐食性が強い（金属類には使用不可）

	ポビドンヨード	イソジン ネオヨジン イオダイン	手術部位の皮膚・粘膜 創傷部位	原液（10%）	熱傷患者や低出生体重児への広範囲使用を避ける
		イソジンガーグル	口腔内	15〜30倍希釈	
		イソジンスクラブ	手指	原液（7.5%）	高度の頻回使用により手荒れを起こしやすい
		イソジンフィールド	手術部位の皮膚	原液（10%） 〈63%エタノール含有〉	粘膜、損傷皮膚には使用できない
	エタノール	消毒用エタノール	手指・皮膚 医療器具・器材	原液（76.9〜81.4%）	粘膜、損傷皮膚には使用できない 傷のある手指には使用しない
	イソプロパノール	消毒用イソプロ70 70%イソプロパノール	手指・皮膚 医療器具・器材	原液（70%）	
	0.5%クロヘキシジン含有の消毒用エタノール	グルコン酸クロルヘキシジンエタノール	手術部位の皮膚 カテーテル挿入部位の皮膚	原液	頭部の手術部位には使用できない 粘膜、損傷皮膚には使用しない
	0.2%クロヘキシジン含有の消毒用エタノール	ヒビソフト ヒビスコール	手指（速乾性手指消毒薬）	原液	傷のある手指には使用しない
	0.2%塩化ベンザルコニウム含有の消毒用エタノール	ウエルパス ベンゼットラブ ラビネット			
	0.5%ポビドンヨード含有の消毒用エタノール	イソジンパーム			
低	クロルヘキシジン	ヒビテン ヘキザック マスキン	手指・皮膚 創傷部位	0.1〜0.5% 0.05%	低毒性だが有機物の混入により効果が低下する 粘膜には使用しない
		ヒビスクラブ	手指	原液（4%）	高度の頻回使用により手荒れを起こしやすい
	塩化ベンザルコニウム	オスバン オロナイン-K ザルコニン	手指・皮膚 粘膜・創傷部位 医療器具・器材・環境	0.05〜0.1% 0.01〜0.025% 0.1〜0.2%	有機物の混入や普通石鹸（陰イオン界面活性剤）との併用で効果が低下する
	塩化アルキルジアミノエチルグリシン	テゴー51 ハイジール	手指・皮膚 医療器具・器材・環境	0.05〜0.2% 0.1〜0.2%	脱脂による手荒れを起こしやすい

（出典：「わかる！身につく！病原体・感染・免疫」藤本秀士、日野郁子、小島夫美子著、南山堂刊(2010)、100頁）

3　フルボ酸の抗菌・消臭

これまでの除菌、除ウイルスをする消毒薬について、図表58に主成分、商品名、消毒対象、使用注意点をまとめて示しました。

　図表58の消毒薬は、すべて化学薬品で強い毒性をもっているので、図表58の注意点に示したとおりに注意して使用しなければなりません。

　消毒薬は、短時間に低濃度で、病原菌やウイルスを死滅または不活性化させるものなので、強い毒性をもっているのは当然といえます。

　これらの化学薬剤に対して、フルボ酸は8,000年前の腐植土からの腐植抽出液で100％天然素材の安全・安心して使える生物化学的除菌、除ウイルス剤です。

　そのフルボ酸の除菌、除ウイルスの効果についての生菌数とウイルス感染価の測定例を図表59に示しました。

　図表59に示すとおり、フルボ酸の除菌率、ウイルス不活性率は高く、良好な効果を示すことがわかりました。

【図表59　フルボ酸1mℓあたりの生菌数およびウイルス感染価測定結果】

試験菌	試験液	生菌数（/mℓ）						
		開始時	60秒後	除去率(％)	6時間後	除去率(％)	24時間後	除去率(％)
大腸菌	フルボ酸 対照	9.1×10^5 9.1×10^5	1.1×10^4 8.2×10^5	98.79 ―	<10 9.1×10^5	99.99< ―	<10 9.1×10^5	99.99< ―
緑膿菌	フルボ酸 対照	3.1×10^5 3.1×10^5	90 3.9×10^5	99.97 ―	<10 2.0×10^5	99.99< ―	<10 9.7×10^4	99.99< ―
インフルエンザウイルス (H1N1)	フルボ酸 対照	3.2×10^7 3.2×10^7	3.2×10^4 3.2×10^7	99.9 ―	$<3.2 \times 10^2$ 1.0×10^8	99.999< ―	$<3.2 \times 10^2$ 5.0×10^7	99.999< ―

注：1、<10および$<3.2 \times 10^2$＝検出せず
　　2、対照＝精製水（緑膿菌は生理食塩水）
　　3、開始時＝菌液接種直後の対照の生菌数を測定し、開始時とした。

　大腸菌の6時間後の対照（精製水）とフルボ酸の生菌は、図表60に示したとおりです。

　図表58からもわかるように、一般消毒薬は長く付着させることは避けなければなりません。

　なお、フルボ酸は種々の毒性試験で安全性が認められて人体への毒性はなく、抗酸化作用で金属腐蝕もなく使用できます。

【図表60　フルボ酸の抗菌性（大腸菌の場合）】

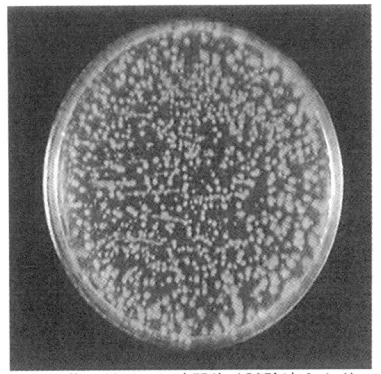

大腸菌　対照　6時間後（試験液0.1ml） 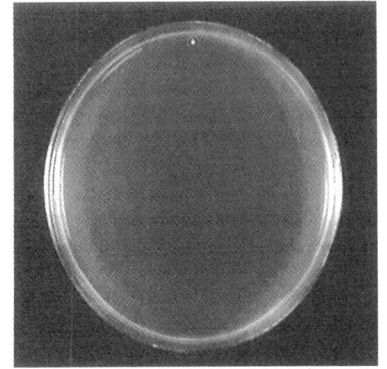　　　大腸菌　フルボ酸　6時間後（試験液0.1ml）

　70％エタノールとフルボ酸を受皿にそれぞれスプレーしたあとで受皿を乾燥させました。
　次に大腸菌を含む水溶液をそれぞれの受皿にかけて2時間後に大腸菌を調べた結果は、図表61に示したとおりです。

【図表61　フルボ酸とエタノールの抗菌性】

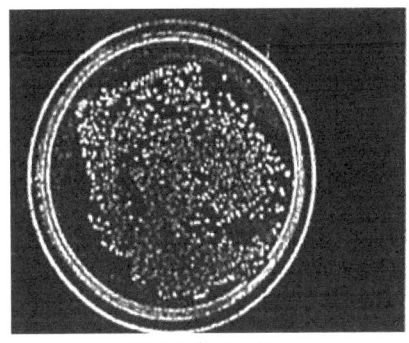

70％エタノール 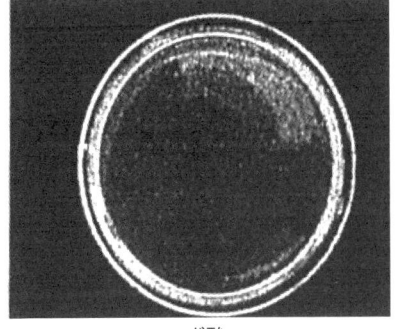　　　　　　　　　　　　フルボ酸

(出所：NTCドリームマックス社)

フルボ酸の受皿は1か月経過後においても除菌効果を維持

　フルボ酸が乾燥した受皿に大腸菌を添加したら、除菌されましたが、70％エタノールが乾燥した受皿では大腸菌の除菌効果はありませんでした。
　フルボ酸の受皿は、1か月経過後も除菌効果が維持されていました。フルボ酸をスプレーすると、60秒で約99％除菌、除ウイルスすることができ（図表59）、スプレー後に乾燥してもフルボ酸が残留していれば除菌、除ウイル

3　フルボ酸の抗菌・消臭

スが持続します。

残留しても前項で示したように毒性はありません。人に毒性を示さないので、フルボ酸を直接的に噴霧して除菌、除ウイルスをすることができます。

フルボ酸は、金属にスプレーしても腐蝕性（腐植とは違う）はありません。フルボ酸の官能基であるカルボキシル基―ＣＯＯＨ，水酸基―ＯＨは、活性酸素O^{-2}と接するとH^+の陽子（プロトン）が素早く活性酸素O^{-2}と反応して水をつくります。

その式は次のとおりで、活性酸素は不活性化され、フルボ酸は負電荷に帯電します。

$$-COO^-H^+ + O^{-2} \rightarrow -COO^- + H_2O$$
$$-O^-H^+ + O^{-2} \rightarrow -O^- + H_2O$$

フルボ酸の抗酸化性で酸化されない

フルボ酸は、負電荷に帯電しているので、ミネラルと錯体をつくりやすいのです。特に鉄と錯体を形成しやすいので、フルボ酸鉄がつくられます。

腐蝕性の簡単な実験として、井戸水、水道水、フルボ酸をビーカーに貯えてからクリップ（鉄製）を適当量（5〜10個）入れて放置します。

井戸水、水道水では1〜3日後には錆が出ますが、フルボ酸では錆が出ませんし、10日後でも錆が出ません。フルボ酸の抗酸化性で酸化されないので、錆が出ないのです。

ブーツの消臭用製品

フルボ酸の特性を知ったNTCドリームマックス社の会長・中村功さんは、このフルボ酸を抗菌消臭液としてバイオ8000年の商品名で種々の用途で販売を始めています。

その商品の1つは、ブーツの消臭用製品です。足の裏はアンモニアのニオイもありますが、主にイソ吉草酸のニオイです。このニオイは、前項で示したように、フルボ酸で消臭できるのです。さらに、ブーツ内の除菌により清潔が保たれるので、女性が全身のオシャレをするのにお進めしたい商品といえます。

愛犬の生活周辺の抗菌・消毒用

さらにもう1つは、愛犬用商品（図表62）で、愛犬の生活周辺の抗菌、消毒用で愛犬と長く過ごせるように、生活周辺の抗菌効果で常に病気から

守ってやることにもなります。

　中村さんは、社会の教育、道徳にも関心深く行動されていますが、近頃は皮膚から体内に毒素が入る経皮毒に強い関心をもつようになってきたということで、バイオ8000年は環境にやさしいとしてますますフルボ酸への関心を強くしているようです。

【図表62　愛犬用抗菌・消臭剤】

(出所：NTCドリームマックス社)

子供達の砂遊び場

　子供達の砂遊び場の砂にフルボ酸を散布して大腸菌を測定してみました。砂1ml中の大腸菌は、散布前は約10万個に対して散布後は10個以下の不検出でした。側定時の砂場は、大腸菌で汚染されていたことになります。

　砂場がいつも汚染されているとはいいませんが、できることなら子供達には常に汚染されてない砂場で遊ばせたいと思います。

　一般の消毒液で消毒しても、砂に残留している、子供達の皮膚に障害を起こさないとはいえません（図表59参照）。

皮膚障害を起こさない消毒薬

　皮膚に障害を起こさない消毒薬があったとしても、子供達が砂に触れて遊ぶのであるから経皮毒にならない素材を使わなければなりません。

　子供の体に触れても安全で病原菌を死滅させられるフルボ酸は、砂場の抗菌、消臭剤として適しているので、是非知っておいてもらいたいことです。

　最後にフルボ酸の一般分析値の例を図表63に示しました。

【図表63　フルボ酸液の物性と成分】

形態	液体	脂質	2 mg/l	亜鉛	2.06mg/l
外観	黄橙色	糖度	410mg/l	マンガン	8.8mg/l
原料	腐植土	有機態炭素(TOC)	45mg/l	ケイ酸(SiO₂)	123mg/l
比重	1.00	鉄	222mg/l	アルミニウム	76mg/l
pH	2～3	カルシウム	157mg/l	イオウ	0.06%
蒸発残留物	0.3w/v%	ナトリウム	62mg/l	大腸菌群数	不検出
強熱残留物	0.2w/v%	カリウム	10mg/l	一般細菌	不検出
全窒素	87mg/l	マグネシウム	51mg/l		
タンパク質	540mg/l	銅	0.14mg/l		

人体には安全・安心で使用できる

　図表63の各成分値は、特別に高濃度とはいえませんが、反応性に富む成分として官能基が含まれています。抗菌性があるので、細菌は不検出になっています。透明で濁質はありませんが、長く放置すると少し濁質がでて沈殿したり容器壁に付着します。純水で希釈すると濁質はでませんが、井戸水や水道水で希釈すると濁質が出ます。

　これは、反応性に富むフルボ酸が水中の微量金属と錯化合物を生成するのです。フルボ酸の毒性試験を別に行っています。フルボ酸をマウスに用いて急性経口毒性試験で14日間観察を行いました。その結果、異常と死亡例は認められませんでした。

　このことから、ＬＤ50値は2,000mg／kg以上です。他にマウスの皮膚刺激試験、眼粘膜刺激試験、ヒメダカによる毒性試験で異常は認められていません。変異原生スクリーニングの試験で変異原性は陰性と判定され、育生阻害も認められませんでした。

　人体の塗布、飲用でも異常は認められず、人体には安全・安心で使用できます。抗酸化作用があるので金属の腐蝕もありません、

　図表59のフルボ酸の抗菌データから抗菌剤として、さらに消臭効果もあるので、フルボ酸は抗菌・消臭剤として使用できます。人体に安全で、金属への腐蝕性がないことから、抗菌剤として人体や金属器材にフルボ酸を長く付着させておくことができますので、抗菌作用時間が長くなり高い抗菌効果を得ることができます。

4 消毒薬と抗菌剤の違い

消毒、殺菌、除菌、抗菌の意味

ここで消毒、殺菌、除菌、抗菌などの言葉の意味を正しく伝えていくこととします。

殺菌は、微生物を死滅させることです。このことは、病原菌、非病原菌のすべての微生物（細菌）を死滅させ、あるいは不活化することになります。

滅菌は、病原菌、非病原菌を問わずすべての微生物を完全に死滅させることです。実際には、微生物数の測定は検出せずの答は出ますが、ゼロの答は出ません。したがって、微生物数を100万部分の1以下に死滅減少させることを滅菌というのです。

消毒は病原菌を死滅あるいは減少させることをいいます。このことは、病原菌の感染を防ぐ操作はしますが、非病原菌は対象にしていないので、人体に毒性をもっていることをしっかり知っていなければなりません。

除菌は、病原菌、非病原菌を問わず微生物を取り除くことをいいます。このことは、消毒剤で病原菌、非病原菌を死滅させて取り除くことができるし、抗菌剤で病原菌だけを死滅させて取り除くこともできます。

また、微生物は、図表38に示すように種々の形状がありますが、その大きさは約1ミクロン（μm）程度（図表64参照）で、この大きさを捕捉できるフィルターで取り除くこともできます。これも除菌です。

病原菌に毒性をもつ一方で、人の細胞には無毒なことを選択毒性とも抗菌ともいいます。選択毒性を示す物質が抗菌剤です。

フルボ酸によって病原菌の死滅とウイルスの不活化が得られた段階では除菌、殺菌であって、人に無毒であることが証明されてから抗菌と呼ぶことができるのです。

いま、消毒、殺菌、除菌、抗菌の名前がいたるところで目につきます。市中で微生物を完全に死滅させる滅菌商品の文字を見かけないのは救いですが、市場品で滅菌と称する商品が出てきたらビックリして筆者なら疑うことになります。

空気殺菌器

施設を備えた特定の場所で滅菌することはできますが、一般市場商品では

【図表 64　微生物の相対的な大きさ（錫谷達夫博士原図）】

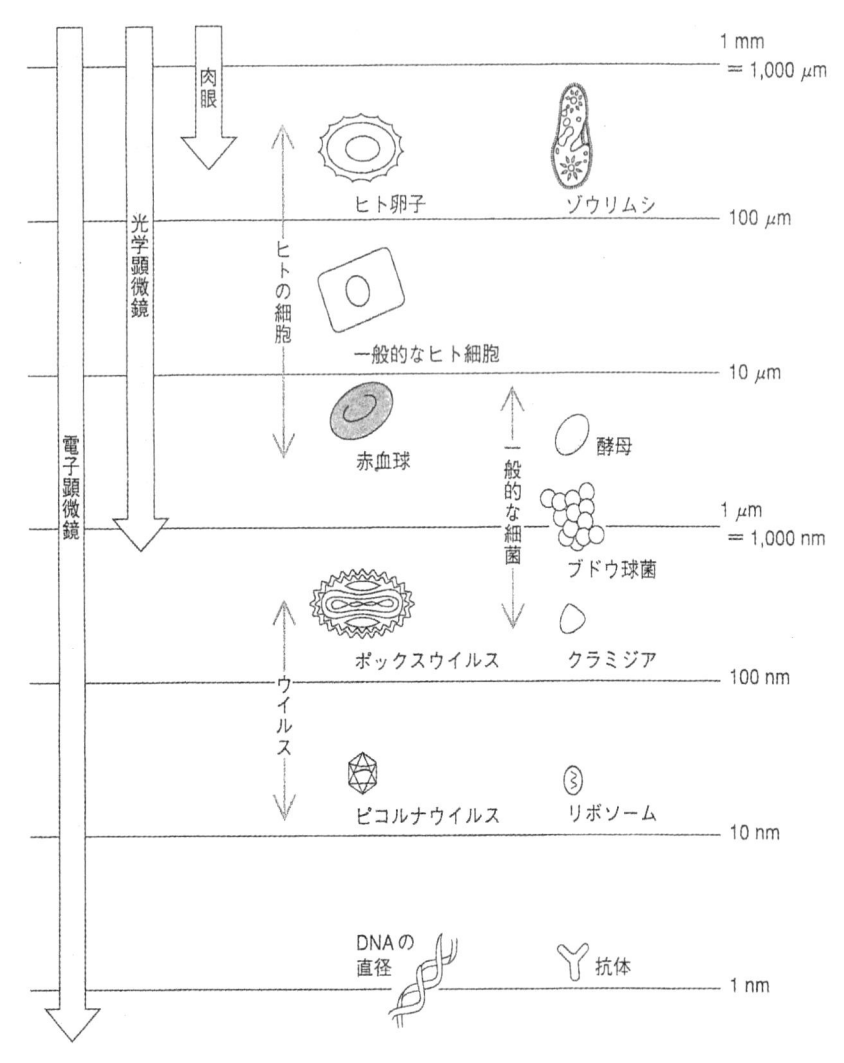

肉眼

光学顕微鏡

電子顕微鏡

ヒトの細胞

一般的な細菌

ウイルス

1 mm = 1,000 μm

ヒト卵子　ゾウリムシ

100 μm

一般的なヒト細胞

10 μm

赤血球　酵母

ブドウ球菌

1 μm = 1,000 nm

ポックスウイルス　クラミジア

100 nm

ピコルナウイルス　リボソーム

10 nm

DNAの直径　抗体

1 nm

(出典：「標準微生物学」平松啓一、中込治著、医学書院（2009）刊)

むずかしいという意味です。

　2009年新型インフルエンザ流行時に、オフィスや一般家庭でも使える空気殺菌器がウイルスを100万分の1以下に不活化すると数字を入れてテレビCMで滅菌できることを放映し始めました。

　その放映から数日経過後には、滅菌効果を示す数字は放映画像から消えて

いました。

　某社の空気殺菌器で性能は良いので、滅菌効果を示す数字を入れて放映していましたが、そのCM内容に反対者が出たのでしょう。このCMには良心的な関係者がいたので、安心できましたが、そうでないと問題であったところです。

　社会には、抗菌グッズが氾濫しています。身の回りの商品には、単に抗菌と書いてあるだけで、抗菌グッズとは信じがたいものもたくさん出回っていることを知っておくべきでしょう。

　抗菌グッズが、実は殺菌グッズかもしれないのです。抗菌グッズは、病原菌に毒性をもち、人には無毒になるようにしなければならないのです。しかし、文字通りに人に無毒なグッズになっているのでしょうか。抗菌性の証明をして販売してほしいと願うばかりです。

　仮に抗菌グッズではなく、消毒剤で消毒グッズを製造して抗菌グッズと称して販売したとします。消毒剤は、病原菌を死滅させますが人にも毒性がありますから、このグッズは結局のところ人に有害な商品ということになるのです。

　人の皮膚には、常在菌が棲息していて、病原菌からの攻撃を守っています。この常在菌をも毒性で死滅させることは、人体の抵抗力、治癒力を失うことになることを知らなければなりません。

消毒剤と抗菌剤の違い

　消毒剤と抗菌剤の違いは、人に対して毒性と無毒の大きな違いがあることを知っておく必要があります。クソとミソほどの違いということがありますが、クソとミソを取り違えても生命の危機はありません。

　しかし、人に対する消毒剤の毒性と抗菌剤の無毒性は、人の生命に大きい影響を及ぼすことはおわかりいただけたと思います。

　仮の危険予想をしたのですが、この危険に対しての歯止めがないので、人々は認識を高めて危険を回避しなければなりません。早急に社会のモラルとルールを高めることにより、人々が安心して商品を選べるようになるのが望ましいといえましょう。

日本人の清潔志向と経皮毒

　日本人の清潔志向が抗菌グッズ志向になり、清潔を保つために、洗浄による洗剤の使用量も多くなっています。洗剤には、環境ホルモンなどが含まれ

ていますが、人体の皮膚を通して体内に蓄積されるため、これが経皮毒になります。

清潔志向はよいことですが、人体に経皮毒を与え、環境汚染で魚類のオスがメス化しているという状況があります。

清潔志向が高まり、抗菌グッズに関心が高まり過ぎれば、、悪徳業者の抗菌グッズに使われている消毒剤で、病原菌が飛来してくる前に人体の皮膚に害を与え、常在菌まで消毒すると人の治癒力が失われ、むしろ病原菌の感染を受けやすくなります。

さらに、消毒剤の成分が体内に入り、経皮毒として人体に有害となるわけです。

銀・銅・亜鉛系の抗菌剤が多い

抗菌グッズについて悪徳業者の商品を心配しましたが、一方では信頼できる抗菌グッズが社会ニーズに応えて急成長しているので、抗菌グッズに使用される抗菌剤を知っておかなければなりません。

抗菌グッズに用いられる抗菌剤には、有機系抗菌剤や無機系抗菌剤などの数多くの素材が使われていますが、多くは重金属化合物の無機系抗菌剤で、その中でも銅・亜鉛系の抗菌剤が多いようです。

重金属の人に対する毒性と病原菌に対する毒性の順位は、次のとおりだとされています。

ヒトへの毒性順位
　$As^{++}, Sb^{++}, Cd^{++}, Se^{++} \gg Hg^{++} > Zn^{+} > Cu^{++} > Ag^{+}$
病原菌への毒性順位
　$As^{++}, Sb^{++}, Cd^{++}, Se^{++} \gg Hg^{++} > Ag^{+} > Cu^{++} > Zn^{+}$

抗菌グッズの使い方によっては抗菌効果が低下する

この毒性順位を参考に、より人への毒性が弱い $Zn^{+} Cu^{++}, Ag^{+}$ が抗菌剤に使われています。特に銀系無機抗菌剤が用いられてきているようです。

一方、銀は、昔から食器や装飾品に用いられてきた金属で、安全性は高いとされています。

その銀の主な特徴をあげると、長所として抗菌効果は高く、安全性は高く、常温では半永久的に抗菌性が持続します。種々の担持体(抗菌成分の銀を保

持するセラミックスで、シリカゲル、ゼオライト、リン酸カルシウム、水溶性ガラスなどがある）と混合して、無機系抗菌剤がつくられています。

短所としては、光に弱く、変色して抗菌効果が低下する点があげられます。塩素と反応して抗菌効果が低下することも知られています。熱に弱く、変色して抗菌効果が低下します。活発な金属なので、種々の物質と化合して不活性化しやすいという特徴もあります。さらに、抗菌剤に使うのは、高価であるという点も短所でしょう。

これらの長所と短所があるので、商品化には開発要素が多く、商品には各社各様の工夫が組み込まれることになります。

例えば、人の汗や食品には食塩が含まれますが、その食塩成分の塩素イオンは銀イオンと反応して酸化銀をつくり、抗菌効果を低下させます。この欠点を補うために、銀錯体系抗菌剤が開発され、人の汗でも抗菌効果が著しく低下しないように工夫されているのです。

いずれにしても、抗菌グッズに使用される抗菌剤には長所と短所があるので、抗菌グッズの使い方によっては抗菌効果が低下するということを認識しておく必要があります。

電車の吊り具

電車の吊り具には、抗菌加工がされているとの車内説明がありますが、筆者は吊り具で身を支えても病原菌が手に移動しないとは信じていません。しかし、その説明を信じる人もいることでしょう。

本当に病原菌の移動があるのかないのかは、議論が分かれるところですが、十分に認識して注意しなければならないことです。

微生物が生産した抗菌剤には土壌から採取しているものが多い

現代医療の抗菌化学療法は、抗菌剤を使う先端医療であり、その開始は1940年代のペニシリンの実用化でした。ペニシリンは、青カビから分離精製されたものであり、黄色ブドウ球菌、レンサ球菌による感染症に治療効果を示してきました。

ペニシリンのように微生物が生産し、他の微生物の発育を阻害する化学物質を抗生物質と呼びますが、ペニシリンに耐性をもつ耐性菌が出現してきました。耐性菌の出現によって、それに対抗する新しい抗菌剤の開発が必要になったわけです。

その後、耐性菌出現と新薬開発の繰返し闘争が現代まで続いています。抗

菌剤には化学合成品もありますが、微生物生産品も多いのです。微生物が生産した抗菌剤は、土壌から採取していることが多いようです。

例えば、カナマイシンは長野県の土壌、イベルメクチンは静岡県のゴルフ場の土壌、カスガマイシンは奈良県春日大社の土壌、タクロリムスは茨城県筑波山の土壌から採取されています。

このことは、自然の生物生態系の中に存在する生物が医薬品やその他の産業応用品に活用できることを示しており、自然の生物生態系が一例として抗菌剤の形で日本人の生命を救っているといえます。

生物生態系の動向から有用な生物資源を探索

環境省は、このような生物生態系の動向から有用な生物資源を探索できるように、生物遺伝資源と称してデーターベース化するといわれています。医学界では、「21世紀は感染症の時代」と呼んでいるようです。

従来からの病原菌だけでなく、全く予想外の病原体の出現も見受けられます。原因不明の疾病と微生物の関係は、自然環境とも関連して人類と感染症との間に闘争が展開されることが危惧されているのです。

これから抗菌剤は、感染症防御に対して一層の研究開発が望まれるところです。そのことにより人類の生命が救われるのですから、人々は抗菌剤に注目するとともに、抗菌剤の発見につながる自然の生物生態系を大事にしていかなければならないと考えます。

❻ 腐植（腐植酸とフルボ酸）の農業利用

1　耕作農業における腐植の役割

(1) 農業生産における物質の流れ

農業は土壌が基盤で病原体を抑制する働き

　耕作農業（以下、農業と略します）は、田畑で品質の良い農産物を多収穫できるのが最もよいのは当然のことです。しかし、そのために化学肥料や農薬の多用を続けると、農薬が効かない病害が発生したり、肥料の過剰施用で地下水汚染が発生するなどの障害や被害が増えます。

　農業は、土壌が基盤で、土壌には地球上のすべての物質（元素）が含まれ、多種多様な生物が生存して病原体を抑制する働きもしています。

　有機養分と多種多様な生物が共存してバランスを保っている土壌に農薬や化学肥料の過剰施用は、生物反応と養分循環のバランスを崩すことになり、障害が生じることになります。

　図表65に農業生産における物質の流れを示しました。農産物の生育には、土壌有機物が養分として供給されます。その中には、腐植（腐植酸とフルボ酸）が含まれ、重要な役割を果たすことになります。

農薬

　多収穫を目指すために化学肥料と農薬を施用すると、化学肥料の無機成分は、植物に吸収されやすく効果的ですが、過剰分は吸収されないで地下水や雨水に混入して流出してしまいます。

　過剰分の窒素肥料は、硝酸、亜硝酸となって流出するので、硝酸濃度が10ppmを超える水を妊婦が飲み続けると、その子供はブルーベビー症になり、血液中の酸素を運ぶヘモグロビンに異常が生じ死産あるいは重い脳障害をもって産まれてくる可能性が高いので、硝酸排出基準値は遵守しなければなりません。

　図表65に示しましたが、土壌有機物の豊富な土壌では硝酸、亜硝酸を土壌が吸収して蓄えるので、流出は大幅に低くなります。

　農薬を農地に散布すると、大部分は作物や土壌の表層に落下して作物に吸収され、土壌に吸着されたりしますが、一部はガス化したり、空気中のダス

【図表65　農業生産系の物質の流れ】

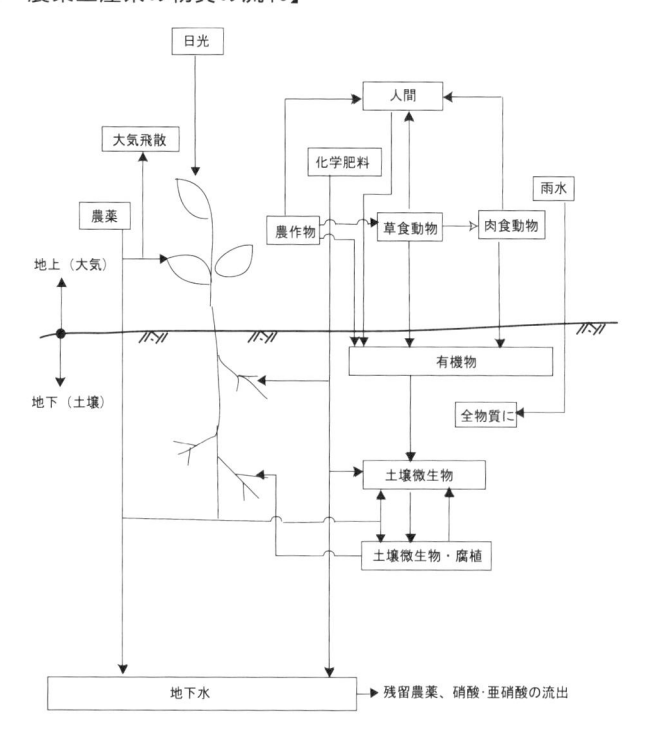

トに吸着されて飛散します。

　農薬の環境汚染は、土壌だけにとどまらず、飛散によって水系、大気系にまで及ぶので、汚染範囲は広く、複雑であるといわれています。

　土壌に吸着した農薬は、土壌生態系に毒性を示します。土壌に吸着してから生物分解する低毒性農薬でも、分解速度は遅いので、農薬残留があって、人々の健康にはよくないことになります。

　農薬と化学肥料の多施用による環境汚染に対しては、収穫減にならない生産法として、減農業、減肥栽培をするのがよいのですが、有機栽培が望ましいのはいうまでもないことです。

　欧米の農業では、地下水汚染、土壌流出、湿地喪失が問題にされて、減農薬、減肥の栽培と湿地の保護は徹底されています。

　日本の農地は、水田農業を基盤にしているので、水田の環境保護機能が湿地の機能と同様に環境を調節していることになっています。

　土壌が農作物を生産する能力は地力で、この地力を強く維持することが農業の課題といえます。

(2) 土の物理性

団粒構造をつくる腐植の役割

図表66に土の性質と地力を示します。土壌は、物理的、化学的、微生物的の3つの性質をもっていて、図表66に示したように土の性質は種々の要素が相互関係をもちあって地力をつけています。

【図表66　土の性質と地力】

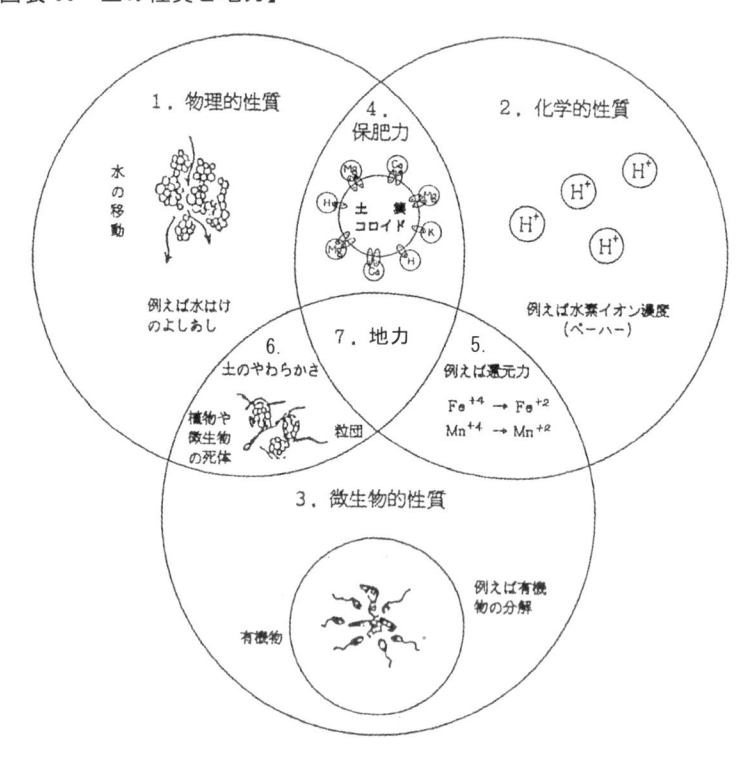

土の性質はお互いに絡みあっている場合が多い。しかし、1から3までは比較的単独で土の性質をあらわしているが、4から7までは2つ、あるいは3つの性質が組み合わされていて、単純に1つの性質として理解できない。
表にして示すと下のようになる。

区分	主としてあらわれてくる物質	土の性質の例
1	物理的性質	水はけの善し悪し
2	化学的性質	土の酸性

3	微生物的性質	動植物死体の分解
4	物理学的性質と化学的性質	保肥力
5	化学的性質と微生物的性質	土の還元力の強弱
6	微生物的性質と物理的性質	土のやわらかさ
7	物理的性質と化学的性質と微生物的性質	いわゆる地力

(出典:「土壌の基礎知識」前田正男、松尾嘉郎著、農山漁村文化協会(1990)刊)

 土の物理性は、通気性、排水性、保水性、やわらかさ、耕しやすさなどにあらわれます。
 ミミズは、土壌中を餌を求めて動く耕作者で孔隙をつくり、土をやわらかくし、空気の流通を良くし、自らの糞を排出します。ミミズの生体も糞体も、腐植酸、フルボ酸を多く含むので、土壌にとってよいことになります。
 有機物が微生物分解を受けて腐植を生産すると、腐植の粘着性で土壌粘土などの微細粒子と粗粒子を適当な大きさに固めて団粒をつくります。
 ❶の図表3には、団粒構造をつくる腐植の役割を示しました。団粒構造がつくられると、排水性、保水性がよくなり、隙間には空気が入るので、通気性もよくなります。
 雨水などの水は、団粒と団粒の間にできる隙間を通って流れますが、通過中の団粒に保水されます。植物の根は、土壌中の空気を利用して呼吸ができ、団粒内に保水された水を長く利用することができことになります。
 排水性もよいので湿害を受けにくく、保水性もよいので旱魃(かんばつ)にも強くなります。
 植物が養分を吸収していくと、団粒構造は消耗していくので、絶えず有機性養分を供給して土壌有機物と微生物のバランスをとっていかなければなりません。団粒構造の消耗は、腐植含量の低下によって起こるので、団粒構造を保つには腐葉土、堆肥の供給が最もよいことになります。

(3) 土の化学性

保肥力と腐植の関係

 土の化学性は、保肥力、陽イオン交換容量、pH緩衝作用などに示されて

います。農作物の養分は、土壌中から吸収しますから、消費分は土壌中に補給しなければならなりません。有機物は、種々の養分を含んでいるので、最もよい養分供給源ですが、化学肥料も供給して農作物の養分摂取分を補充すればよいことになります。

農作物の養分摂取は、時期によって変化しますが、常に必要な養分を摂取できるようにするには、土の保肥力を高くすることです。土の保肥力を高くして必要な養分を供給し続けることによって、品質の良い農産物を多収穫できるようになります。

粘土や団粒土壌は、マイナス電荷であり、その土壌表面に陽イオンを吸着します。腐植含量が多いと、マイナス電荷は強くなって陽イオンの吸着量も多くなり、雨水などで陽イオンがはがれて流出することもなくなります。

この陽イオンの吸着能を陽イオン交換容量（ＣＥＣ）と呼び、この陽イオン交換容量が大きいと養分保持力が大きいので保肥力とも呼んでいます。

図表67には、保肥力と腐植の関係を示しました。有機物が分解されて生成した腐植は、陽イオン交換容量が大きく、粘土と結合しやすいのです。そして結合した腐植粘土結合体は、保肥力が大きくなっています。

図表67では、腐植含量が多いと保肥力が大きく、砂には保肥力がないことも示しています。

【図表67　保肥力と腐植】

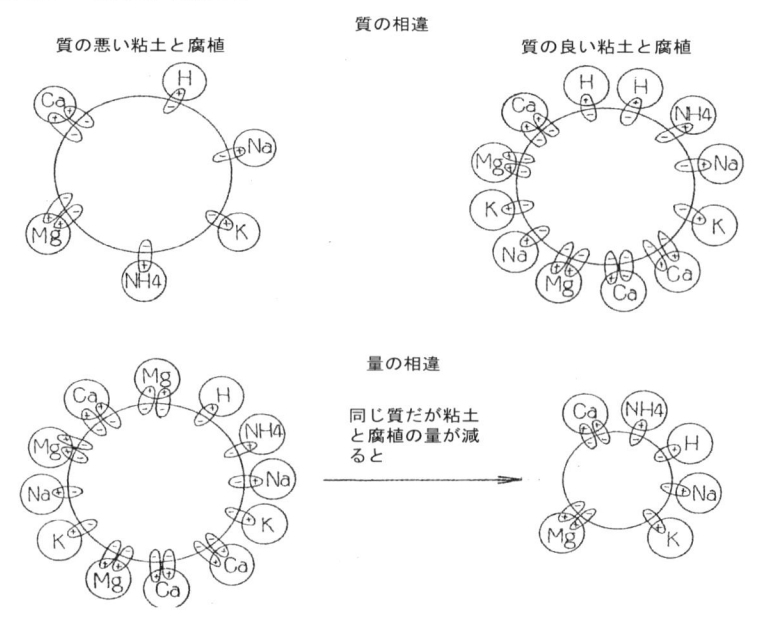

6 腐植（腐植酸とフルボ酸）の農業利用

粘土も腐植もともにマイナス電荷を表面にもっているので、プラス電荷を帯びたカルシウム、マグネシウム、カリ、アンモニウムなどの養分をイオンとして引きつけておくことができる。
そのだいたいの強さを量で表すと次のようになる。

保肥力（陽イオン交換容量）の数値

	me/100g
良い粘土（モンモリロナイト）	80 〜 150
悪い粘土（カオリナイト）	3 〜 15
成熟した腐植	600
未熟な腐植	20
河原の砂	0
良い土	20以上
悪い土	5以下

(出典：「土壌の基礎知識」前田正男、松尾嘉郎著、農山漁村文化協会（1990）刊)

腐植土のpH緩衝作用

ちなみに前掲の図表46によれば、腐植汚泥の陽イオン交換容量は約70ml/100gを示し、良い土より大きい数値となっていました。この土壌に酸あるいはアルカリが加わっても、pHの変化が少ないということがいえます。

この現象をpH緩衝作用と呼びますが、腐植土のpH緩衝作用は図表68に緩衝力が大きいことを示しました。この緩衝力によって、植物根への肥料による急激なpH変化をやわらげ、根を守っていくのです。

【図表68　pH緩衝作用】

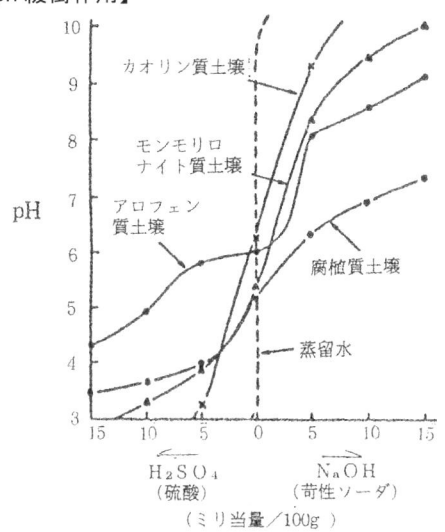

カオリン質土壌
モンモリロナイト質土壌
アロフェン質土壌
腐植質土壌
蒸留水

H_2SO_4（硫酸）　　$NaOH$（苛性ソーダ）
（ミリ当量／100g）

このｐＨ緩衝力について、さらに詳しく示したのが図表69です。図表69は、アルカリ肥料を施用するとアンモニアは土壌にいったん貯蔵して必要に応じ放出するので、急激なｐＨ変化を示さないことになります。

有害物が土壌中に混入したときの緩衝作用

有害物が土壌中に混入したときの緩衝作用も図表69に示しました。

【図表69　土壌の緩衝力】

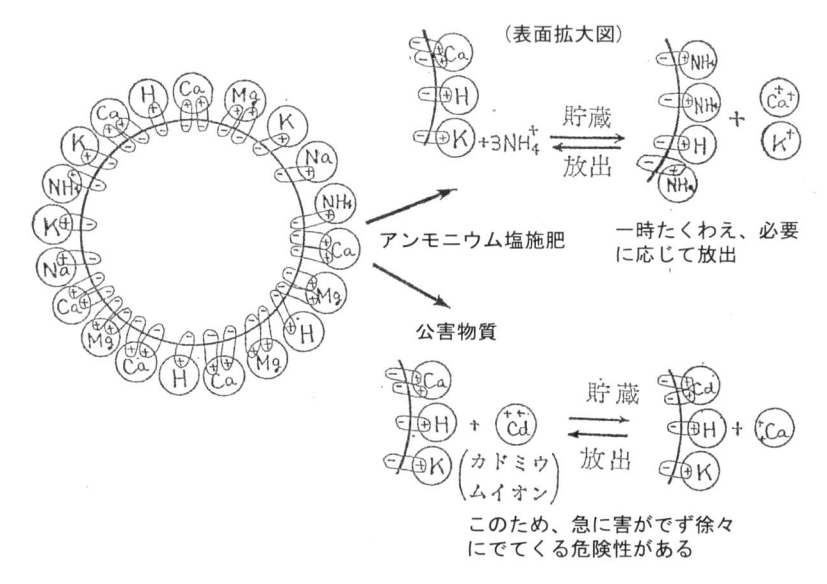

(出典：「土壌の基礎知識」前田正男、松尾嘉郎著、農山漁村文化協会（1990）刊)

図表69は、カドミウムイオンが混入したときにはカドミウムイオンを土壌にいったん貯蔵した後、徐々にカドミウムイオンを放出することを示したものです。作物に対してアンモニアを徐々に供給できるのは、土の緩衝力のためであり、その緩衝力を強くしているのは腐植なのです。

有害物質のカドミウムを緩衝力で急に害が出ることを抑制できても、徐々に放出して作物などに蓄積すると害が出ます。

しかし、カドミウムが微量の許容限界濃度以下ならば、害はなくむしろ生物には生理活性効果があらわれることになります。

アメリカのコーン生産地帯で味覚障害者が多数発生したことがあります。発生当時は、原因がわからなかったのですが、調査によってその地帯の農作物の亜鉛不足が原因であることがわかりました。

次に、亜鉛錠剤が販売されたところ、別の障害が発生し、亜鉛過剰摂取が原因であることもわかりました。亜鉛は、人類の生理活性に必要な元素ですが、不足も過剰摂取も有害であったことを示した好例です。

　農地に微量の亜鉛が含まれ、その農作物に適正量の亜鉛が吸収されていれば問題にならなかったことです。一般的な農地には、地球上のあらゆる元素が含まれており、その元素を吸収した農作物を人間や家畜が食して健康を維持しているのです。

(4)　土の微生物性

約15gの土壌に中国の人口約13億人とほぼ同数の生物がいる

　図表70には、土壌生物の種類を示しました。この土壌生物は、微生物が最多数で、土壌1グラムの中に細菌が数千万〜1億個、放線菌と菌類が各々数十万〜数百万個生息しています。

【図表70　土壌生物の種類】

植物	樹木……針葉樹、落葉広葉樹、常緑広葉樹
	草花……長草、短草
	一般野菜、根菜など
動物	哺乳動物……ネズミ、モグラ
	大型土壌動物……ミミズ、アリ、ヤスデ、ムカデ、マキガイ、ワラジムシ、昆虫の幼虫
	中型土壌動物……トビムシ、線虫、クワムシ、ワムシ
	小型土壌動物……原生動物（アメーバ、鞭毛虫、繊毛虫、根足虫）
微生物	藻類……緑藻類、らん藻類、珪藻類
	菌類……藻菌類、子嚢菌類、担子菌類
	細菌……根粒菌、硝化細菌、硫黄細菌、バチルス属細菌、シュードモナス細菌
	放線菌……ストレプトマイセス属
ウイルス	糸状菌（菌類）や線虫の媒介伝染源とウイルス病植物体の伝染源がある

　この多数の微生物が有機物分解をし、他に動物がいて農地の耕作もしています。約15gの土壌に中国の人口約13億人とほぼ同数の生物がいることを

知れば、15gの土壌でも無視できないエネルギーをもっていることに気づかされます。

　土壌中の微生物と動物が多種多様多数であれば、植物の病原菌が入っても病原菌が異常に増殖することが少なくなります。土壌中の微生物の種類が少なく、生菌数も少なくなると、土壌中の微生物で外界から侵入する病原菌の抑制ができず、病原菌が増殖して病害を受けるようになります。

　このように多種多様な微生物を土壌中に生息させることが、病害対策になりますから、土壌微生物を良好に維持するために有機物を絶えずバランスをとりながら供給することが必要になります。

有機物の供給を怠り、土壌を酷使すると

　有機物の供給を怠り、土壌を酷使すると、多種多様の微生物と腐植によってつくられた団粒構造の土壌は破壊され、土は固くなり、水はけが悪くなります。団粒構造では、根の伸長が良好ですが、団粒破壊により根の伸長が阻害されてきます。

　この現象を図表71に示しました。有機物の施用を止めても植物根などが残っていると、急激な団粒破壊にはならないのに、団粒破壊が起こると、回復は困難になります。そのため、絶えず有機物の供給は続けなければならないのです。

　多量施肥は、特別の養分集積が起こり、特別の細菌の異常発生で微生物の多種多様性が失われ、障害が出やすくなります。

【図表71　団粒土壌と団粒破壊】

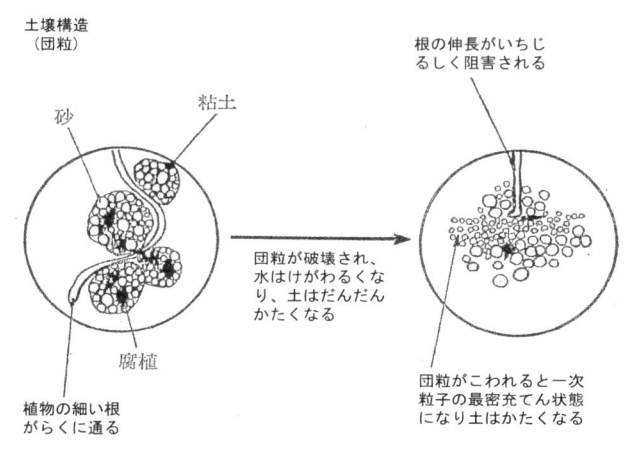

(出典:「土壌の基礎知識」前田正男、松尾嘉郎著、農山漁村文化協会（1990）刊)

良質の団粒土壌にするための条件

障害の出ない良質の団粒土壌にするための条件は、図表72、73に示したとおりです。

【図表72　団粒土壌の三相分布】

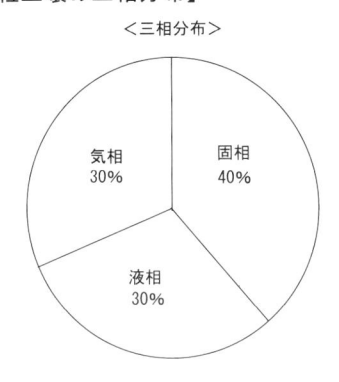

＜三相分布＞

気相 30%
固相 40%
液相 30%

固相	土の性質
50％以上	かたすぎる
40％前後	良　好
40％前後	やわらかすぎる

団粒のよく発達した畑の作土ではこの程度が健全、これで仮比重は約1g/ccとなる。
但し、気相と液相の割合は乾燥の度合いで変わる。

(出典：「土壌の基礎知識」前田正男、松尾嘉郎著、農山漁村文化協会刊(1998)刊)

【図表73　肥沃土壌の腐植含量】

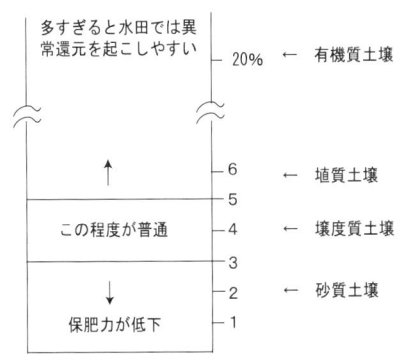

多すぎると水田では異常還元を起こしやすい — 20% ← 有機質土壌

↑
— 6 ← 埴質土壌
— 5
この程度が普通 — 4 ← 壌質土壌
— 3
↓ — 2 ← 砂質土壌
保肥力が低下 — 1

腐植量と粘土の量は関係があり、砂地では2％以下となる。
火山灰土壌は活性アルミナが多く腐植がたまりやすい。

(出典：「土壌の基礎知識」前田正男、松尾嘉郎著、農山漁村文化協会刊(1998)刊)

図表72は、土壌の三相分布を示し、団粒土壌にすれば、土壌の気相、液相、固相はおおよそ3分の1ずつの割合になるとしています。

このことについて筆者らは、トマトの栽培試験で化学肥料と腐植汚泥を施用したときの三相分布測定での化学肥料区では三相が3分の1になりませんでしたが、腐植汚泥区では三相がほぼ3分の1ずつの分布で団粒構造を維持できたことを確かめることができました（図表74参照）。

【図表74　土壌の三相分布の変化（栽培後）】

(%)	現地土壌（施肥前）	標準化学肥料区		腐植汚泥3.5t区		腐植汚泥7t区	
		灌水前	灌水後	灌水前	灌水後	灌水前	灌水後
固相率	55.6	46.0	45.8	25.7	24.5	26.8	25.2
水分率	23.8	28.7	41.4	37.1	45.2	38.7	46.5
空気率	20.6	25.3	12.8	37.2	30.3	34.5	28.3

図表73は、土壌中の腐植含量の目安を示しています。土壌中の腐植含量は、3～5％でよく、それ以下では保肥力が低下します。土壌の陽イオン交換容量は、20～30me/100g程度あればよく、特別高い容量値にする必要はありません。

(5) 地力のある土壌での農産物の生産

土壌有機物と多種多様の微生物を利用する

ここまで述べてきたことから、地力のある土壌で農産物の生産をするには、土壌有機物と多種多様の微生物を利用して団粒土壌による栽培をするのが環境保全からも望ましいといえます。

筆者は、20坪の畑で野菜類を自給しており、腐葉土、堆肥、腐植土などを試験的に施用する有機栽培をしています。その結果は、腐植土を施用したときが最も多い収穫で、味覚も良いのを経験しています。

有機栽培が最も望ましい

これからの農業を考えてみた場合、豊かな農地、多収穫、味覚、環境保全、安全性などの考慮をすれば、有機栽培が最も望ましいのですが、実行上からいえば減農薬、減肥化の農薬を一層進めるべきでしょう。

堆肥は、未熟堆肥では腐植含量が少量となるので、必ず完熟堆肥を使うことによって、化学肥料の減肥化と地力ある土壌づくりを実行してほしいと願うばかりです。

農業栽培は土づくりあるいは土を生かすことが大切

　ここまでのことを端的に表現すれば、農業栽培は土づくりあるいは土を生かすことが大切であるということです。。

　そのために土は、日光のもとで、温度と湿度が適度で、空気が入り生物が必要とする養分が確保され、土壌生物の増殖を害する農業や化学肥料の過剰施用をできるだけ避けることが大切です。

　それができれば、よい土になり、作物も良くなり、作物はビタミンやミネラルを十分に含んで食べておいしくなります。

　地域環境や工夫によって農法は変わるかもしれませんが、基本は同じはずです。

先祖伝来の肥沃な農地を子孫にも肥沃土として残すこと

　ここでは農業の基盤である農地の肥沃さについて考えてみます。

　農業生産の物質の流れを図表65でみてみます。

　農業は、何によって支えられているのでしょうか。

　まず、先祖から受け継いできた農地です。昔は畑に肥溜めがあって人の排泄物を有機肥料として利用してきました。このことが農地に地力をつけて肥沃にしてきました。

　その肥沃な農地でさらに増産するために化学肥料を施用してきました。最初は地力ある農地に化学肥料を施用すると増産になりますが、長く化学肥料だけで耕作してくると、土壌の物理的、化学的、生物的な性質のバランスがくずれて地力が失われてきます。

　地力がおとろえてくると、病害が発生してきます。病害対応のために農薬を使うことになります。農薬は農地の生物的性質を劣化させ、農薬に耐える病害菌が出現するので農薬と病害菌の格闘となり、その間に地力が低下します。

　強力な農薬を使っても耐性病害菌が出てくるので、強い農薬ではなく、弱い農薬を組み合わせて使うのがよいといわれています。

　1本の矢より3本の矢です。化学肥料と農薬は、農地の生物的作用の劣化で地力低下を起こしますが、堆肥などの有機肥料を施用すれば土壌生物が増殖し、腐植が形成されて地力がついてきます。

2　腐植土・腐植汚泥の農業利用

(1)　古い土：カリマチ

地下水汚染問題

　汚水処理から発生する有機汚泥を農業に利用することは、古くから行われてきました。そして堆肥の使用などによる有機栽培農業が、土壌の地力を強くして農産物栽培に最もよい生産方法であることは、前述したとおりです。

　1980年代に入り、先進国には、農業が引き起こす環境汚染として、農薬、化学肥料、家畜排泄物による地下水汚染、土壌流出のほか、湿地や野生動植物の生息する自然環境の喪失などの問題が生じてきました。

　このうち農薬、化学肥料、家畜排泄物による地下水の汚染は、最も重大な解決しなければならない問題としてクローズアップされています。

　腐植の働きで団粒構造の土をつくると、団粒土壌の保水力、保肥力などの作用で植物生長をさせながら地下水への流出を抑制することができます。

　したがって、腐植含量の多い土壌や良質堆肥を活用した有機栽培農業をすると、地下水汚染問題の解決になることもわかっているのです。

ネパールのカトマンズのカリマチ

　ネパールのカトマンズの地下には、カリマチ（古い土という意味）という黒い土が豊富に埋蔵されていて、そのカリマチを農家は農地10aあたり3トン程度客土しているといわれています。

　その結果、化学肥料の施用より品質の良い農産物を多収穫しています。カリマチのある場所は、20万年前は湖の湖跡地で、農産物の効果理由は発表されていませんが、カリマチは腐植土であることに間違いないといわれています。

　豊富なカリマチあれば、腐植土を農地に客土として供給して肥沃土壌づくりをすることができますが、日本には限られた量の腐植土しかないので、腐植土は大事に使っていく必要があります。

　農地に腐植を供給する方法として最もよい方法は、堆肥を供給することです。その他には、腐植活性汚泥法で排水処理をして排水浄化などの処理をした後に残る余剰汚泥（腐植汚泥）を農地に供給する方法があります。

いずれの方法も、農地の地力を強化することができます。

腐植土を排水処理に使ってから腐植汚泥を農業に使えるということは、合理的で経済的な利用法であるといえます。

有機栽培農業のために食品工場汚泥、畜産糞、下水汚泥などを利用するには、品質基準値が定められているので、それは守らなければなりません。

図表75は、品質基準値と下水汚泥の品質例です。

下水汚泥は、品質基準に適合すれば、特殊肥料として使うことができます。

【図表75　特殊肥料の規制値と下水汚泥品質例】

項目	基準値	試料－1	試料－2
有機物（乾物あたり）	35％以上	37.8％	68.3％
炭素－窒素比（C/N比）	10以下	8.8	5.2
窒素(N)全量（乾物あたり）	2％以上	2.92％	5.9％
リン酸(P_2O_5)全量（乾物あたり）	2％以上	2.58％	5.72％
アルカリ分（乾物あたり）	25％以下	19.72％	3.77％
水分（乾物あたり）	30％以下	19.0％	20.4％
pH	対象外	7.9	8.5
カリ(K_2O)全量（乾物あたり）	対象外	0.15％	0.16％
ヒ素(As)（乾物1kgあたり）	※50mg以下	3.0mg	2.4mg
カドミウム(Cd)（乾物1kgあたり）	※5mg以下	1.8mg	2.4mg
水銀(Hg)（乾物1kgあたり）	※2mg以下	0.77mg	0.87mg
銅(Cu)（乾物あたり）	600ppm以下	196ppm	214ppm
亜鉛(Zn)（乾物あたり）	1,800ppm以下	798ppm	867ppm

注：1、基準値とは、「有機質肥料等品質保全研究会報告書」の品質基準を示す。
　　2、※印は、肥料取締法の特殊肥料規制値を示す。
　　3、対象外とは、1項の品質基準に含まれていないことを示す。
　　4、試料－1は凝集剤が消石灰と塩化第二鉄の下水汚泥、試料－2は高分子凝集剤系の下水汚泥の品質例を示す。

（出典：「下水汚泥の農地・緑地利用マニュアル」下水汚泥資源利用協議会刊(1996)、82頁）

(2) 腐植汚泥のキュウリ栽培

腐植汚泥

　　福島県白河市釜子浄化センターは、農業集落排水処理場で1994年の施設

建設初期から腐植法の運転をしてきました。余剰汚泥の腐植汚泥は、脱水ケーキにして周辺の農家に引き取ってもらい、農地に還元してきました。

ここの腐植汚泥は、多くの農家が引き取ったので、全量が農地利用されてきましたが、そのうち野崎利雄さんは、キュウリのハウス栽培に腐植汚泥を使用して記録してきました。平成8年度の栽培概要を紹介してみましょう。

【図表76　キュウリ栽培で施用した腐植汚泥成分】

分析項目	試料名 単位	腐植汚泥	分析方法
含水率	%	29.1	肥料分析法(1992年版) 加熱減量法
pH	―	6.6(21℃)	肥料分析法(1992年版) ガラス電極法
電気伝導率	mS/cm	17	肥料分析法(1992年版) 電気伝導率計法
全窒素	%	4.5	C－N分析計により測定
五酸化リン	%	6.7	酸分解後、肥料分析法(1992年版) バナドモリブデン酸アンモニウム法
カリウム	mg/kg	2,400	酸分解後、肥料分析法(1992年版) フレーム光度法
アルカリ分	%	3.0	肥料分析法(1992年版) エチレンジアミン四酢酸塩法
有機炭素	%	17.1	肥料分析法(1992年版) ニクロム酸酸化による有機炭素の定量法
有機物	%	57.8	肥料分析法(1992年版) 強熱灰化法
水銀	mg/kg	0.41	肥料分析法(1992年版) 還元気化法
ヒ素	mg/kg	9.0	肥料分析法(1992年版) ジエチルジチオカンバミン酸銀法
カドミウム	mg/kg	2.4	肥料分析法(1992年版) 原子吸光測光法
銅	mg/kg	330	肥料分析法(1992年版) 原子吸光測光法
亜鉛	mg/kg	1,100	肥料分析法(1992年版) 原子吸光測光法
鉛	mg/kg	57	肥料分析法(1992年版) 原子吸光測光法
陽イオン交換容量	meq/100g	96	肥料分析法(1992年版) 酢酸バリウム法

(出典:「汚泥還元実績検討会資料」東村(未発表、1997))

釜子浄化センターの腐植汚泥を6月中旬にハウス内に投入し、ハウス内を密閉して4日間高温で放置しました。腐植汚泥が4日間の放置で乾燥してからロータリーで耕起したのです。

図表76は、耕起前の乾燥腐植汚泥の成分分析です。

キュウリ栽培区の収穫

特殊肥料として図表75と比べて問題となる成分は見当たらず、陽イオン交換容量96は良質堆肥と同じ程度に熟成されていたといえます。

キュウリの栽培区は10aあたり腐植汚泥3.5t区、腐植汚泥7t区、腐植汚泥10t区と対照区として牛堆肥3t区を設け、7月21日に定植し、腐植汚泥3.5t、7t、10t区ともに8月16日収穫をはじめ、牛堆肥3t区は8月20日から収穫を始めました。

10月21日に初霜、11月14日に大霜があり、11月20日に収穫終了しました。

収穫高は、10aあたり牛堆肥3t区は7t、腐植汚泥3.5t区は7t、腐植汚泥7t区は7.5t、腐植汚泥10t区は8tとなりました。

野崎利雄さんの経験では、作物は植物の幹の姿、根の張りを見て判断しているとのことで、腐植汚泥の3区ともに姿、根張りともよく、収穫量、品質ともに優れていたとのことでした。

特に、果肉がやわらかく、キュウリの姿は曲がらないで真っ直ぐの規格品が多く、晩秋までの収穫は収入面でもよかったとの評価でした。

牛堆肥3t区は、11月に入ると品質低下しましたが、腐植汚泥3区とともに収穫量と品質とも良好で、腐植汚泥10t区が最も多い収穫を得られたそうです。

キュウリの栽培状況

キュウリの規格品を多く生産できたのは、保水性のよい土壌になっていたので、キュウリに常に均等に水分供給ができていたからであると推定されます。

このキュウリのハウス栽培状況をみてみましょう。

図表77は、ハウスに腐植汚泥を投入しているところです。

図表78は、キュウリ生長期の状況です。

図表79は、収穫後期の腐植汚泥7.5t区と10t区を示していますが、依然として樹勢は強くみえます。

【図表 77　キュウリハウス栽培に腐植汚泥を投入】

(出典:「汚泥還元実績検討会資料」東村（未発表、1997））

【図表 78　キュウリハウス栽培中間状況】

8月20日	8月20日	8月20日	8月20日
第1回追肥（液肥灌水） 葉数　19 草丈　1.420m 摘芯始める 汚泥区より4〜5日遅れ ◎収穫始める 牛堆肥3t/10a区	葉数　22 草丈　1.645m ◎汚泥区は、水分、肥料とも多く、親茎キュウリの収穫が終わっても、 　液肥灌水がキュウリの実の発育速度が速く、収量多い。 腐植汚泥3.5t/10a区	葉数　22 草丈　1.640m 腐植汚泥7t/10a区	葉数　22 草丈　1.620m 腐植汚泥10t/10a区

(出典:「汚泥還元実績検討会資料」東村（未発表、1997））

　腐植汚泥の使用前と使用後に土壌を採取して重金属測定をしています。
　図表 80 は、平成 8 年 4 月に野崎さんのハウス内土壌を採取しているところで、使用前測定になります。同じハウス内土壌を平成 9 年 3 月にも採取し、腐植汚泥による重金属汚染と蓄積がわかるように測定しています。

【図表79　キュウリハウス栽培の収穫後期（10月20日）の状況】

(出典：「汚泥還元実績検討会資料」東村（未発表、1997））

【図表80　キュウリハウス栽培土壌の重金属測定採取】

(出典：「汚泥還元実績検討会資料」東村（未発表、1997））

　図表81には、野崎さんの平成8年度のキュウリのハウス栽培の腐植汚泥10t区を平成9年3月に土壌採取して重金属測定した分析値を示します。
　平成8年4月に土壌採取して重金属分析をしましたが、その測定値は図表80とほとんど同じでしたので、表示するのは省略しました。
　このように使用前後の測定をしてきましたが、汚染と蓄積はほとんどみられませんでした。

2　腐植土・腐植汚泥の農業利用

【図表81　腐植汚泥10t区のキュウリハウス栽培後の重金属】

1、試料名：土壌　含有試験
2、採取日：平成9年3月14日
3、採取者：計量証明事業者
4、採取箇所：野崎利雄（田町115）畑10t区

規格：JIS-K0102　環告：環境庁告示

項目	含有試験			定量下限値	単位	計量方法
銅	57			0.5	mg/kg	底質調査方法Ⅱ.8
カドミウム	0.4			0.1	mg/kg	底質調査方法Ⅱ.6
亜鉛	160			0.2	mg/kg	底質調査方法Ⅱ.9
ひ素	9.5			0.1	mg/kg	底質調査方法Ⅱ.13
総水銀	0.16			0.01	mg/kg	底質調査方法Ⅱ.5.1
	以下余白					

（出典：「汚泥還元実績検討会資料」東村（未発表、1997））

　釜子浄化センターの腐植汚泥は、すべて農地還元してきましたが、重金属などによる土壌汚染と蓄積については、当時の東村（現在は白河市）の矢吹孝村長の指示で安全と安心を保証するために分析を実施してきました。

　このことは、汚水処理から発生する汚泥を資源化することによりCO_2削減となり、農地利用によって有機栽培による地力増強になったことを証明しています。土壌の重金属測定により汚染と蓄積の心配がなくなり、安心と安全が得られたのです。

　このような事業推進は、環境保全のために地域が1つずつ積み重ねていくことにより、地球環境保全につながるため、多くの人々に知ってほしいと思います。

(3)　腐植汚泥でトマト栽培

腐植汚泥の脱水ケーキを農場に施用

　団地下水を腐植活性汚泥法で処理したときに発生した余剰汚泥としての腐植汚泥の脱水ケーキを農場に施用して生食用トマト（桃太郎）を栽培したときの実験例を次に示します。

施用実験は、東京都多摩丘陵の玉川大学農学部付属農場内250㎡のビニールハウスを実験圃場として行いました。実験は、腐植汚泥の脱水ケーキを宮城県内団地下水処理場から搬入して使用しました。

　腐植汚泥を農地10aあたり3.5tと7t使用区画を設け、対照区として化学肥料区（30－25－25）を設けました。化学肥料区は農地10aあたり窒素30kg、リン25kg、カリ25kg、堆肥2tを施用しました。

【図表82　玉川大学農学部実験圃場】

左が通常の化学肥料区で、右が腐植汚泥区。まだ収穫期ではありませんが、明らかに発育に差が出ています。

〔出典：小川人士博士〕

土壌は団粒構造

　トマト栽培の状況は図表82に示し、栽培による収穫量は図表83に示したとおりです。

【図表83　トマト重量ごとの収穫個数（84本あたり）】

(g)	30～60	～90	～100	～130	～160	～190	～220	～260	60g以上	反収換算
化学肥料区	82	173	139	52	20	17	2	0	485	1.6t
腐植汚泥3.5t区	94	200	178	84	30	7	9	0	602	2.0t
腐植汚泥7t区	100	207	191	98	23	14	4	6	643	2.2t

　図表83では、化学肥料区よりも腐植汚泥区がやや良い収穫量になっています。収穫後の冷蔵保存によるトマトの糖度と硬度の10％減少は、化学肥

料区では7〜10日でしたが、腐植汚泥区では10〜14日以上品質が保たれました。

このトマト栽培後の土壌の三相分布を調べた結果は、図表74に示したとおりです。

化学肥料区は土壌が固いときの三相分布を示し、腐植汚泥区は土壌がやわらかく、団粒構造になっている三相分布になっていました。

⑷ 腐植汚泥でコーン栽培、硝酸流出抑制

トマト栽培と同様に、デントコーンについても腐植汚泥区と化学肥料区の施用比較栽培をしたところ、どの区画も茎長の伸長は同じでしたが、収穫量は化学肥料と比べて腐植汚泥区で増収がみられました。

そのときの硝酸態窒素流出は、腐植汚泥区では少なかったのですが、化学肥料区では多く測定されました。

この測定結果は、化学肥料区では、地下水や河川の硝酸態窒素による環境汚染を守るための減肥栽培が大事でなることを示しています。

⑸ 家畜排泄物がとりもつ畜産業と農業の相互協力

豚の排泄物は腐植活性汚泥法で処理

千葉県多古町で養豚業の会社ジュリービーンズを経営する内山利之さんは、子供たちに安心して食べさせられる豚肉づくりを目指して「元気豚」と呼ぶ豚肉を市場に供給していますが、豚の排泄物は腐植活性汚泥法で処理しています。

この腐植活性汚泥法で処理された処理水と腐植汚泥は、付近の農家に液肥と称して供給しています。

ヤマト芋を生産する高木さんは、液肥を施用してからそれまでの慣行栽培に比べて収穫量が30％増量で、品質も良好で毎年液肥を使うようになりました。

水稲栽培の実証試験を実施

多古米を生産する萩原敬史さんは、多古町の米づくり研究グループ「やる気集団」に所属し、安心・安全な生産をするために減農薬・減肥を実行していましたが、内山さんからの液肥の供給を受けて、水稲栽培の実証試験を実施しました。

試験概要は、次のとおりです。

① 実施場所は多古町水稲圃場 40a
② 栽培期間は植え付け(平成19年4月30日)〜脱穀(平成19年9月18日)
③ 品種はコシヒカリ
④ 試験区は液肥区 20a、慣行区 20a、
⑤ 栽植密度は液肥区、慣行区ともに 16.4 株/㎡（30.4cm × 40cm）、
液肥区と慣行区への施肥量は、図表84に示したとおりです。

【図表84　コシヒカリ栽培の液肥区と慣行区の施肥量】

区分			現物施用量 (kg/10a)	有効成分量(kg/10a)		
				窒素	りん酸	カリ
液肥区	基肥（4月23日）	液肥	2,000	0.87	0.34	1.32
	基肥（4月21日）	Wリンサン	20		7	
	追肥（6月15日）	マルチサポート2号	40			
		合計		0.87	7.34	1.32
慣行区	基肥（4月5日）	多古米専用有機(8-14-12)	18	1.44	2.52	2.16
	追肥（6月15日）	マルチサポート2号	40			
		合計		1.44	2.52	2.16
液肥区／慣行区比率(%)				60.4%	291.3%	61.1%

(出典：「豚尿由来の液肥を利用した水稲での栽培方法の検討」萩原敬史著(未発表、2008))

　液肥は、用水と混合して流し込み（図表85参照）、投入後は水深約5cmにして電気伝導度（EC）を測定し拡散状態を確認しました。

【図表85　水稲圃場の水口への液肥供給】

(出典：「豚尿由来の液肥を利用した水稲での栽培方法の検討」萩原敬史著(未発表、2008))

液肥投入状況は、図表86に示しましたが、液肥は運搬車から圃場水口へ直接供給しています。
　液肥区は、初期生育が遅かったのですが、後半から肥効が出て、幼穂形成期頃（7月）には葉色が慣行区を上回り、穂長が長くなるとともに1穂籾数が多くなり、最終的には増収穫となりました。

【図表86　水稲圃場への液肥投入全景】

(出典：「豚尿由来の液肥を利用した水稲での栽培方法の検討」萩原敬史著(未発表、2008))

　その収穫量は、図表87に示すとおりです。

【図表87　コシヒカリ収穫量と品質】

	穂数(本/㎡)	千粒重(g)	登熟歩合(%)	一穂籾数(粒)	換算収量(kg/10a)	品質評価
液肥区	266	21.6	90.2	86.1	446	73.0
慣行区	319	21.2	89.2	68.0	410	73.0

(出典：「豚尿由来の液肥を利用した水稲での栽培方法の検討」萩原敬史著(未発表、2008)))

　液肥区の穂数が少なかったのですが、1穂籾数は多くなり、増収となりました。
　なお、玄米での品質評価については、両区における差はみられませんでした。
　この試験では、液肥区の初期生産が悪かったのでそれを取り戻すため、田植え後の液肥投入を加えました。それにより、初期生育の問題点を解決することができたのです。工夫をしたことにより、その後は順調な栽培を続けて

います。

畜産業と農業の連携ができた例

　萩原さんは、環境保全型農業を営むことから認定農業者「エコファーマー」となり、生産米は「ちばエコ農産物」に毎年認証されています。今は、液肥利用をすべての田んぼに取り入れて、減農薬、減肥を実践し、おいしい米づくりをするようになっています。

　これは、養豚業の排泄物処理で排出する腐植汚泥と処理水が田んぼと畑に利用され、農産物の収穫量や食味に良好なことから畜産業と農業の連携ができた例です。

　この連携から畜産業では、発生汚泥の処理・処分を省くことができ、農業では化学肥料の節約から減農業、減肥への変換にもなりました。

　内山さんの会社は、高木さんのヤマト芋や萩原さんの多古米の販売協力をするなど、相互の協力関係もますます深まっているそうです。

(6)　汚水の処理水は宝の水、ハエも退治

腐植汚泥を牛小屋に散布

　佐賀県内の農業集落排水処理場では、処理施設全体の臭気を減らす、処理水質が向上する、発生汚泥量が少ない、汚泥の質が良くなる、などの効果が出ています。

　そこで、当局は、この処理施設の腐植汚泥と処理水を利用しようとして、まず腐植汚泥を牛小屋に散布したところ、ハエの発生が少なくなり、悪臭も激減しました。

　その後、農家からの引き合いが相次ぎ、腐植汚泥と処理水を農地利用して農産物の食味もよくなり、収穫量も増えたと評判になって新聞紙上でも報道されました（図表88）。

宝の水

　当局では、この処理施設の処理水を「宝の水」と呼んで関係者に発表しました。

　腐植汚泥と処理水の利用者は、畜産農家、稲作農家、果樹農家、ハウス栽培農家など多数で、図表89に示したとおり、農業集落排水処理上の周辺には腐植汚泥と処理水の引取り希望者の車が列をなしていました。

【図表 88　処理水が宝の水と評判の朝日新聞記事】

(出典：朝日新聞　佐賀版　平成14年6月28日の記事)

【図表 89　腐植汚泥と処理水の引取りに集まった車の列】

(出典：西田哲夫氏)

　畜産農家は、畜舎、堆肥場に散布することで悪臭を減少させ、堆肥醗酵を促進するために利用し、稲作農家は、茎の分けつや生育促進などに利用し、果樹農家は、土壌団粒化による地力、保水性などの効果で利用しています。
　農業以外では、海苔漁民の海苔網発酵処理、加工場の排水浄化などに処理

水を散布したところ、海苔網の悪臭やハエの発生も減少し、加工場の排水も色と臭気が消滅したという成果が出ています。

ハエの発生が減少する理由

ここでハエの発生が減少する理由を述べておきます。

腐植活性汚泥法にすると、バチルス属細菌数が多くなることは42頁の図表23で示しました。

バチルス属細菌の中にバチルス・チューリンゲンシス Bacillus thuringiensis が存在しますが、このバチルス・チューリンゲンシスは、昆虫の鱗翅目（チョウ、ガの類、幼虫は芋虫、毛虫）や双翅目（ハエ、カ、ガガンボの類）などに選択的に毒性を示す特性をもっています。

その特性から、人体や環境に安全な生物農薬や微生物殺虫剤として世界各国で使用されています。

腐植汚泥や処理水を散布してハエやカの発生が減少するのは、このバチルス・チューリンゲンシスのハエやカとその幼虫に対する毒性によるものです。

筆者も人や動物の排泄物処理場に腐植法を利用するとハエの発生がなくなることは経験しています。

バチルス・チューリンゲンシス Bacillus thuringiensis は、ドイツのエルンスト・ベルリナーによって1911年にドイツ中部のチューリンゲンで発見されたので、その地名にちなんで命名されています。

その後、バチルス・チューリンゲンシスには、昆虫に毒性を示さない菌株もあることがわかり、菌株の分離源によってバチルス・チューリンゲンシスは殺虫性もあり、非殺虫性もあることがわかっています。

2000年には、非殺虫性のバチルス・チューリンゲンシスが生産する結晶性タンパク質から、ヒトのガン細胞に対して選択的に破壊活性を示すパラスポリン parasporin が発見されて注目されています。

(7) 芝の生育と腐植

化学肥料区と腐植汚泥区に分けて藩種生長

芝の生育試験として秋まき芝草のトールフェスク（エルドラド、シルベラド）、ブルーグラス（ケンタッキー、セイバー）を化学肥料区と腐植汚泥区に分けて播種生長させました。

化学肥料区は、10aあたり窒素20kg、リン20kg、カリ20kgを施用、腐

植汚泥区は、10a あたり腐植汚泥 5t を施用しました。

【図表 90　秋まき芝の生育比較】

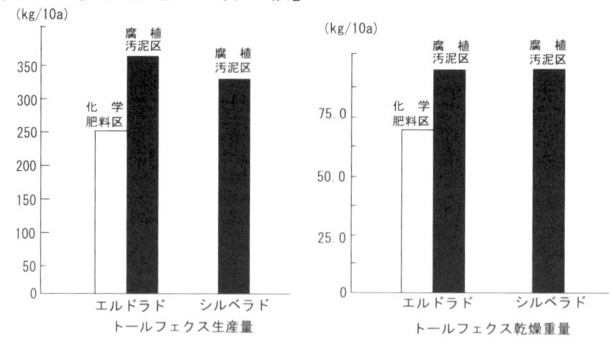

（左グラフ：トールフェスク生産量（kg/10a） エルドラド・シルベラドともに化学肥料区より腐植汚泥区が高い）
（右グラフ：トールフェスク乾燥重量（kg/10a） 同様に腐植汚泥区が高い）

　播種量は、30g/㎡として、芝の生育量を測定しましたが、そのうちのトールフェスク生育量だけを図表 90 に示しました。

　図表 90 では、化学肥料区に比べて腐植汚泥区の生育が良好でしたが、各種の芝も生長が良好でした。この試験で、腐植汚泥区の土壌は、団粒構造化され保水性と排水性が改善されていたことがわかりました。

腐植汚泥区や腐植汚泥の混合区の芝が良好に生長

　腐植汚泥と化学肥料のほかに種々の肥料を使って各肥料区を隣合せで芝の生長状況を示したのが図表 91 です。図表 91 でも腐植汚泥区や腐植汚泥の混合区の芝が良好に生長しているのがわかります。

【図表 91　芝生の生長試験】

コーヒー粕堆肥+化学肥料区	汚泥5t／a区	汚泥1／2+化学肥料区	牛糞堆肥+化学肥料区
汚泥1／2+化学肥料区	牛糞堆肥+化学肥料区	コーヒー粕堆肥+化学肥料区	汚泥5t／a区
汚泥5t／a区	牛糞堆肥+化学肥料区	汚泥1／2+化学肥料区	コーヒー粕堆肥+化学肥料区
牛糞堆肥+化学肥料区	汚泥5t／a区	コーヒー粕堆肥+化学肥料区	汚泥1／2+化学肥料区

（出所：小川人士博士）

6　腐植（腐植酸とフルボ酸）の農業利用

腐植汚泥の施用により芝の生長が良好になることがわかったので、腐植抽出液すなわちフルボ酸を芝に散布してみました。
　図表92にフルボ酸の使用区と未使用区を比べて示しました。

【図表92　フルボ酸の使用区と未使用区の芝生生長】

未使用区　　　　　　　　　　　フルボ酸使用区

　このときのフルボ酸散布量は、目安として面積1㎡あたり5mlを水で500〜1000倍に希釈して施用しました。このフルボ酸施用でも芝の生長が良好になったことが確かめられました。

(8)　ミミズは農耕者で環境保護者

糞を排泄して腐植土を形成

　ミミズは、英語でアースワームearthwormと呼び、直訳すると地球の虫です。ミミズは、土壌と土壌有機物、微生物、原生動物などを食べて糞を排泄して腐植土を形成しています。さらに、土壌の耕起をして、土壌の機能を高めていることが明らかになっています。

　人類は、300〜400万年前に地球に出現したと推定されていますが、ミミズの化石から、ミミズは4〜5億年前には現れているので、人類の歴史より古いことになります。

　進化論「種の起源」の著者チャールズ・ダーウィンは、1837年「土壌形成について」、1881年「ミミズの習性に関する観察とミミズの活動による腐植土の形成」を発表し、翌年の1882年に一生を終えているので長年にわたってミミズの研究をしていたことになります。

　これらの書は、ミミズの習性と役割や腐植土形成のミミズの重要性を記しています。ミミズが土壌機能を高めているとしても、ミミズは糞をどのくらい排泄するのか。ここで糞量を検討してみることにしましょう。

　ミミズ密度を調べると、図表93の結果が得られました。

【図表93　ミミズの密度】

場所			数/m²	国・地域	報告者
大型ミミズ	森林	カシ	184	イギリス	エドワード・ロフティ　1972
		混交	68	イギリス	エドワード・ヒース　1963
			11.3-3.9	日本	中村・山内　1970；他
	草地		848	イギリス	ロー　1959
			260-640	オーストラリア	ハーレイ　1959
			500-1,000	日本	中村　1972；開発局　1966
	畑地		287	バズディ島	レイノルヅソンら　1955
			18	イギリス	エドワード・ロフティ　1972
			4.3-1.5	日本	中村　1972；他
ヒメミミズ	森林	針葉樹	138,000	日本	北沢　1977
		乾性硬葉	250	オーストラリア	ウッド　1971
	草地	海辺	130,000	ニュージーランド	イーテス　1968
		採草地（造成）	1,400	日本	中村　1980
	荒野	湿地	145,000	イギリス	ピーチィ　1963
		沼沢地	5,600	カナダ	ダッシュ・クラギ　1972
	畑地	ビート	30.000	オランダ	ヂドン　1991
		小麦	4,650	カナダ	ウイラート　1974

（出典：「ミミズと土と有機農業」中村好男著、創森社刊(2001)、42頁）

ミミズ密度は平均680匹/m²

　例えば、草地では、図表93からミミズ密度は平均680匹/m²となります。種類は多いですが、大型ミミズのうちのシマミミズが棲息していたとします。

　シマミミズ1kgは2,200匹といわれていますから、1匹あたりの重量は0.45gとなります。ミミズの糞量は、1日あたり体重量を排泄するのもありますが、平均して1日あたりにミミズ体重量の1/8とします。

　これらの条件から1m²あたり1日に排泄する糞量は、0.45×680×1/8＝38g/m²となります。1年のうち150日間排泄すると、1m²で5.74kg/m²・年の糞量で、10aあたりでは1年に5.74トンの糞量になります。

❻　腐植（腐植酸とフルボ酸）の農業利用

チャールズ・ダーウィンが確かめたところによると10aあたり、年間、4,5トンの糞量と述べているので、両糞量は近似値といえます。。

土壌の機能をもたせるに十分な量

この糞量は、たかがミミズの糞ではないかとの域を超えて土壌の機能をもたせるに十分な量といえます。農家が土壌に地力をつけるために堆肥を使いますが、その堆肥量は10aあたり1－5トン程度であることからすると、ミミズの糞量は土に地力をつけるに十分な量になります。

ミミズは、大型ミミズ（シマミミズ、フトミミズなど）と小型ミミズ（ヒメミミズなど）とに分類されます。欧米では、ミミズといえばシマミミズを指しますが、日本では、フトミミズが多いといわれています。

ミミズは地下から地表面へ、乾いたところから湿ったところへ移動します。したがって、ミミズは乾地より湿地、餌となる有機物の多い土壌に棲息しています。

ミミズの糞を堆肥の代わりにして有機栽培をすることも可能ですが、ミミズが棲息する土壌にしなければなりません。

シマミミズの体組成

シマミミズの体組成は、水分80％、乾燥重量の60％がタンパク質と腐植成分で無機成分にはカルシウム、カリウム、マグネシウム、ナトリウム、イオウ、リン、ケイ素を含みます。

アミノ酸のグルタミン酸、アスパラギン酸、ビタミンB1，B2，B6も含まれ、栄養価は十分です。さらに、種々の物質を消化するセルラーゼ、ホスホターゼ、カタラーゼ、ルンブロキナーゼなど多くの酵素を含み、植物ホルモンのオーキシン（細胞伸長促進）、サイトカイニン（生理活性）、ジベレリン（生理活性）を含むことも明らかになっています。

ミミズは、このような体組成になっているので、死亡すると体の大部分を占めるタンパク質は体内の酵素により自己消化し、ドロドロになって土壌に吸収されることになります。

乾燥ミミズは、煎じて飲む解熱剤として使われていたことがあって、解熱効果はルンブロフィブリンによることが報告されています。

ミミズの乾燥粉末を用いて動脈の血栓症を治した例

ここで栗本慎一郎氏の著書から「ミミズの酵素」を紹介します。

栗本さんは、1999年脳梗塞で倒れ、病院で治療5か月後に重度身障者になり車椅子が必要になりました。発症してから1年5か月後には車椅子から離れ、復職し、ゴルフもできるようになったとのことです。
　この回復までの期間に栗本さんは、ミミズの乾燥粉末を用いて動脈の血栓症を治したのです。ミミズの乾燥粉末には、血小板凝集作用をもつアデノシンと血管収縮抑制作用をもつフラン化合物とフィブリン（繊維素）を溶解する酵素ルンブロキナーゼを含んでいます。
　血栓は血小板とフィブリンが固まっているので、このフィブリンをルンブロキナーゼで溶解してフィブリンを血中に流し出すのです。栗本さんは、「夢の酵素の発見」と述べ、しかしミミズをただ乾燥させて粉末にすればよいということではないとも述べています。(出典：「脳梗塞糖尿病を救うミミズの酵素」たちばな出版（2001）刊)

ミミズの生物濃縮力

　ミミズには、農薬や重金属などを体内に集積する生物濃縮力があります。病害虫の防除のために殺虫剤を散布したところ、コマドリが多数死亡しました。その原因は殺虫剤を体内に集積したミミズをコマドリが食べていたことが明らかになったのです。
　このミミズの生物濃縮力を利用して、環境汚染を除去する試みをしているところもあります。ミミズの生活は、土と一緒にえさを食べ、糞を出し、動き回る、死ぬ、のサイクルだけで、土の耕転をし、腐植土を増やして土壌の地力づくりに寄与しています。ミミズを入れた農地の作物収穫と品質も良好なのが実証されています。

ミミズの飼育はなかなかむずかしいのが難点

　有機栽培農業は、堆肥を使用するのが主流ですが、ミミズを棲息させて土壌を腐植土にすれば、立派な有機栽培になるはずです。ただし、ミミズを棲息させるには、土壌中の有機物含量や水分などの条件を整えなければなりません。そのため、ミミズの飼育はなかなかむずかしいのが難点です。

ミミズを理解しミミズの体をかりて環境と健康に役立ててほしい

　伊勢原市に在住の関野てる子さんは、海外のミミズも調査したうえでシマミミズを養殖し、シマミミズをシマちゃんと呼んで大事に育てています。
　筆者は、ミミズの活用を検討したときに関野さんに指導を受けましたが、

飼育が簡単でないことだけは理解しました。これからの有機栽培農業を考えたとき、有機肥料として堆肥を使用することになります。堆肥を土に供給すると、ミミズも自然に増えて、土の機能はさらに高まるかもしれませんが、もっと積極的にミミズを活用すれば、土壌機能は一層高まります。

　ミミズの効果は大きいですが、今、ミミズを活用する人は皆無に近いので、関野さんたちの技術が埋もれていくのを危惧するのです。

　多くの人々が、ミミズを理解し、ミミズの体を借りて、地球環境と健康に役立ててほしいものです。

⑨　腐植土で堆肥は無臭、豚は健康

有機栽培と慣行栽培（農薬、化学肥料投与）

　健康な食物は健康な土から生産されます。健康な土で作物を収穫するためには有機栽培をしなければなりません。有機栽培と慣行栽培（農薬、化学肥料投与）を比べると、土壌の地力低下や環境汚染に限らず収穫量、食味、食味保存期間、健康成分のいずれにも有機栽培が優れていることが明らかになってきています。

　有機栽培の土には、必ず腐植（腐植酸とフルボ酸）が含まれていて、腐植がミネラルをバランスよく保持していて、ミネラル欠乏症を防いでくれます。

　有害物質が混入したら有害物質を貯蔵してから漸次放出していくので、急激な毒性を避けることができます。

　健康な土は、栄養分が適正で、多様な生物が活発になり、病害菌が入ってきても抑制するため、健康な作物を生産することができます。

　特別なことではなく、平凡に健康な土づくりをすることが大事になるので、そのための準備と実行が必要になってくるのです。

無臭堆肥化装置の例

　ここで無臭堆肥化装置の例を示しますが、その実機の運転では、臭気を大幅に低減させています。その無臭堆肥化装置のフローシートは、図表94に示したとおりです。

　図表94のフローシートの中で混合槽と醗酵槽などの堆肥化装置は、一般の堆肥化装置と同じです。

　生ごみ、家畜糞、汚泥などの原料に腐植粉剤（腐植土のことでペレットと区別するためにこう呼びます）を一定割合で投入混合してから醗酵させます。

【図表94　無臭堆肥化装置フローシート】

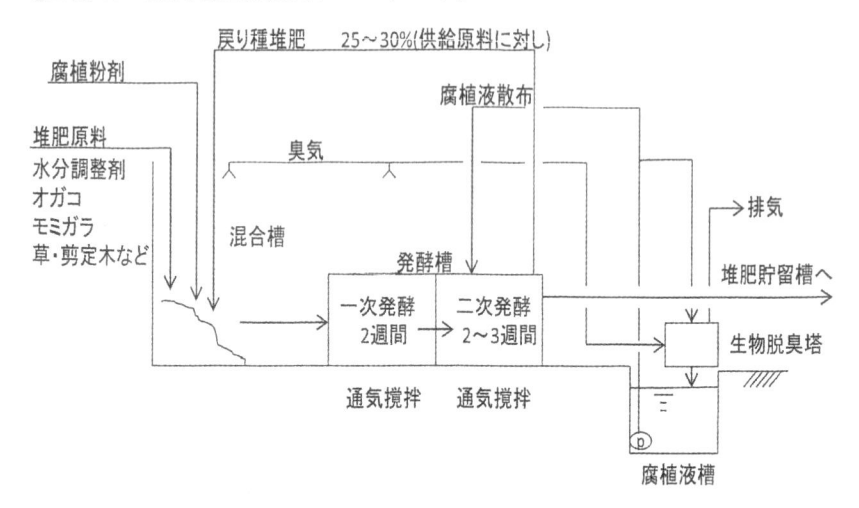

　完熟堆肥は、戻り種堆肥として混合槽に投入します。醗酵槽で生じた結露水や混合槽周辺で生じた排水は、腐植液槽に流入させます。腐植液槽では、腐植粉剤を投入し曝気をします。

　結露水は、アンモニアを吸収しているのでアルカリ性ですが、腐植液槽では酸化されて中性になります。

　腐植粉剤を投入して曝気すると、図表35(53頁)に示したアンモニア酸化細菌ニトロソモナスの生物反応で酸化が促進されます。

　混合槽と一次醗酵槽では、臭気強度は大きいので、ダクトで吸引して生物脱臭塔で脱臭します。生物脱臭塔では、腐植液槽の液を上部から散水して脱臭します。腐植液槽の腐植液は、二次醗酵槽に散布して、堆肥の完熟化と腐植の添加で良質の完熟堆肥をつくります。

　腐植粉剤の投入と戻り種堆肥と腐植液槽の腐植液散布で装置内全体の脱臭をして、良質の完熟堆肥をつくります。排水は、すべて二次醗酵槽に散布するので発生しません。

　この無臭堆肥化装置は、井狩専二郎さん達がメンテナンスしていますが、完熟堆肥は、各家庭に配布して生ごみ排出日には各家庭ごとに生ごみに完熟堆肥を添加して排出しています。

完熟堆肥を家庭ごとに添加して生ごみの臭気は消す

　完熟堆肥を家庭ごとに添加することにより生ごみの臭気は消え、生ごみ汁

は吸収されるので好評です。この生ごみの受入場でも事前に臭気が低減しているので作業が楽になっています。

そして腐植成分の多い完熟堆肥は、健康な土づくりに役立ち、人々に健康な作物を供給できるのです。

肥育豚の飼料に腐植土を0.3％添加して飼育

養豚場で1991年～1994年の前半20か月は、肥育豚を従来どおりに飼育し、後半の20か月は肥育豚の飼料に腐植土を0.3％添加して給餌して飼育しました。

肥育豚は子豚から出荷まで継続して給餌しました。その飼育データを使用前（従来通りの給餌）20か月と使用後（腐植土0.3％添加給餌）20か月と比較して体重などの項目を図表95に示しました。

【図表95　肥育豚の腐植土給餌効果】

項目 \ 期間	使用前20か月 (1991年1月～1992年8月)	使用後20か月 (1992年9月～1994年4月)	使用後20か月 / 使用前20か月
出荷頭数	3,790頭	4,253頭	1.122
出荷体重	399,519kg	458,437kg	1.147
1頭平均体重	106.4kg	107.8kg	1.013
枝肉重量	259,687kg	297,984kg	1.147
1頭平均枝肉重量	68.5kg	70.1kg	1.023
107.7kg以上の出荷頭数	1,475頭	2,512頭	1.703
出荷比率	38.9％	59.1％	1.519

図表95は、使用前に比べて腐植土0.3％添加の使用後では出荷頭数12.2％増加、出荷体重14.7％増加、107.7kg以上の豚体重で出荷した頭数70.3％の大幅増加を示しています。

枝肉重量と飼料消費量の比で示す飼料要求率は、使用前は3.35、使用後は3.05で、腐植土0.3添加することによって飼料消費量は約10％減少していました。

飼料に腐植土0.3％添加して肥育豚に給餌した結果は、出荷増、体重増、肉質改善（上物率増加）、飼料要求率改善、子豚の下痢が減少、旺盛な食欲、糞尿の臭気低減などが確認されました。

豚に腐植土を給餌して元気に発育

　岩手県の田中栄次さんは、肥育豚への腐植土給餌を長く継続していますが、子豚の下痢には速効があり、枝肉販売では上物率が高いので、枝肉価格は高く売れるし、豚肉はおいしい、豚の解体での内臓の臭気は減少していて食味もおいしい、といっています。

　豚に腐植土を給餌して元気に発育しているのは事実です。腐植酸とフルボ酸には、オーキシン（生長促進ホルモン）と同じ作用があるとの説もあり、実際に同じことを度々経験しています。

　いずれにせよ、腐植土を用いて健康な食物の豚肉づくりをすることができるのです。人々は、健康な豚肉を食べなければなりません。

　腐植土給餌を実践している田中栄次さんの豚肉は、健康食でおいしく、おすすめ品であることをお伝えします。

肥育豚は好んで腐植土を食べ、腐植水を飲む

　田中栄次さんは腐植土給餌をしていますが、腐植水を飲ませる飲水システムでも腐植土給餌と同じ効果があります。飲水システムは、水槽に中に腐植ペレットをネット袋に吊り下げて腐植水をつくり、その腐植水を肥育豚にのませるのです。

　あるとき、豚舎の給水栓に腐植水系統と井戸水系統などの系統を設置して肥育豚が自由に飲水できるようにしました。実験開始とともに給水栓の使用回数を測定したところ、いくつかの水系統の中で腐植水の飲水使用回数が多く、肥育豚は腐植水に嗜好性をもっていることがわかりました。

　また、オガコ敷料の中に腐植土を添加混入させてつくった踏込式オガコ敷料豚舎で臭気除去効果を測定する実験をして、臭気低減効果が得られました。その実験期間中に肥育豚には病気や死亡事故はなく、腐植土入りオガコ敷料豚舎でオガコを掘りおこして腐植土を口に入れていました。その敷料豚舎で豚体はピンク色で元気に走りまわっていました。

　腐植土が存在するところには、バチルス属細菌が増殖します。そのうち、Bacillus subtilis,Bacillus cereus は生菌剤として有効利用されていて、下痢、腸炎の予防・治療効果があります。Bacillus thuringiensis はハエの幼虫を殺す生物殺虫剤としても利用されています。

　肥育豚が好んで腐植土を食べ、腐植水を飲みますが、他の動物も土を食べることがしられています。また、亜鉛が不足すると味覚が変化して、「土食症」という土を食べたくなる症状が出るといわれています。

❼ 森と湿地と海のフルボ酸

1 襟裳岬の漁場再生は森林とフルボ酸鉄

(1) 襟裳岬の漁場再生

森が海を豊かにする

　ワカメ、コンブ、ノリ、カキ、ホタテ、ウニ、アワビなどはすべて沿岸漁業の生産です。良質のコンブ、カキは大きな河川の河口付近で生産されています。

　ワカメ、コンブは海藻で、貝類が餌として摂取するので、海藻が繁茂する沿岸には貝類、沿岸魚、回遊魚も増えることになります。

　コンブは栄養分、鉄分、腐植が含まれる沿岸で繁茂するので、豊かな森林から流れでるフルボ酸鉄が必要な成分であることがわかってきました。襟裳岬は砂漠化していましたが、森林回復とともに漁獲量が増していると報告されています。

　かつての襟裳岬の海岸は、カシワやミズナラ、シラカバなど広葉樹林が広がっていました。

　ところが、明治時代以降の開拓に伴う、家畜の放牧や燃料確保のためにその森林が伐採され、一帯は砂漠化していまいました。砂漠化した砂は、地域特有の強風で沖合にまで飛ばされ、周辺の海が黄色く濁るほどだったそうです。

　その結果、岬の沿岸では、コンブが根腐れを起こしました。沿岸地域で豊富な水揚げがあったサケ・マスも姿を消してしまったのだそうです。

　これに危機感を抱いた地元のコンブ漁師は、1953年林野庁と協力して緑化事業を始め、試行錯誤のうえ、寒さに強い針葉樹クロマツの植林に成功し、現在は図表96のような立派なクロマツ林が広がっています。その間、約半世紀を費やしたそうです。

　その緑化事業により成長した木々は、海への土砂の流出を防ぐとともに、海へ栄養分を運び込むこととなり、かつての豊穣な海・漁場を取り戻しつつあるといいます。

　襟裳岬の展望台の駐車場には、その緑化事業を説明する看板がたてられています(図表97参照)。

【図表 96　襟裳岬のクロマツ林】

【図表 97　襟裳岬駐車場の緑化事業説明看板】

⑵　森林を蘇らせる腐植－ミネラル結合体

　漁獲量の回復は、森林を蘇らせることによって可能となったのです。森林には、腐植土の回復力があって、腐植土からフルボ酸鉄が漁場に流入したからです。

森林の落葉は、生物反応を受けて腐植土を形成します。その主成分である腐植酸は水に溶けませんが、フルボ酸は水に溶けます（図表12参照）。フルボ酸は、カルボキシル基などの官能基をもつので、鉄などのミネラル類を結合します。

　腐植－ミネラル結合体が森林から河川を通じて海に流れ込むと、海と河川の境界である沿岸線には魚類が集まることが昔から知られています。

　腐植－ミネラル結合体には、種々の金属との結合体がありますが、そのうちのフルボ酸鉄は粒子サイズが小さい錯体なので生物に吸収されやすく、生物の増殖に役立つので、河川を通して流入した沿岸域ではプランクトンやコンブなどの海藻が繁茂することとなります。

　森林から河川を通してフルボ酸鉄が流入する沿岸域には、海藻が繁茂するので、磯焼け現象はありません。磯焼けとは、海藻が消滅した現象のことで、石灰藻に岩石や岩盤が覆われて海藻が生育しない状態をいいます。

　昔から森林の周りには魚が集まるので、魚つき林として管理されてきましたし、沿岸の保安林は魚つき保安林と呼ばれてきています。

　沿岸漁業は、森林の伐採などにより漁獲量は衰退してきていますが、その現象として磯焼けが出現しています。

　磯焼けの原因は、森林がなくなり腐植土の形成が失われたこと、土砂流入、里山の機能消失により生態系が壊れたことなどがあげられますが、基本的には森林による腐植土形成が失われてきたからです。

　襟裳岬の再生は、50年間の長年月をかけて行われてきましたが、いまだ再生途上であることから、森林の伐採で生態系を破壊したことが後の人々にいかに大きな代償を支払わせているかをしっかりと知っておくべきです。

森林消失の歴史

　日本の歴史で深刻な森林消失の時期は3回あって、最初は古代の略奪期で、そのあとは1570年～1670年の近世と21世紀前半の現代です。古代の森林消失は、畿内盆地に限られて被害は少なかったといわれています。

　近世は、豊臣秀吉から徳川家康の時代で、秀吉、家康、諸大名の居城づくりや大坂、江戸の町づくりで木材の需要が大きく、森林荒廃は全国的に進行しました。その後、森林保全の重要性が理解されて、植林開発が進められました。

　さらに、江戸時代には、木一本首ひとつといわれ、盗伐すれば首を刎ねられるほど厳しく管理されてきたのです。

現代は、第二次世界大戦以後の森林消失がありました。その後、杉木などの針葉樹植林を主として行ってきましたが、戦後65年経過しても森林の回復はいまだ不十分で、海の磯焼けや沿岸漁業は衰退しています。

コモンズの悲劇

「コモンズの悲劇」という言葉があります。コモンズランド（共有地）には牧草があり、誰でもそこで羊を飼うことができます。

人々は、できるだけ多くの羊をそこに入れて自分の利益を少しでも上げることを試み始めました。

その結果、牧草地は荒廃してしまい、誰も羊を飼うための共有地が利用できなくなり、その共有地は捨て去られてしまいました。

これは、アメリカのScience誌の1968年の論文です。この論文は、多くのことを意味していますが、共有地を自分の利益だけに使ったら、全部が駄目になってしまいます。

そして、一度失敗すると後のツケは数百年に及ぶ可能性があるので、失敗から教えてもらうという方法はとれません。

悲劇が起こらないようにするには、共有地に起こり得る事象を明確にして、予測はその確率を明確にしておくことが不可欠であることを意味しています。

われわれは、失敗は成功のもとと教えられて育ってきましたが、大事なことを進めるときには、コモンズの悲劇を起こさないように行動しなければならないことを肝に銘ずべきであるということです。

2　海と森と湿地と川のきずな

(1) 腐植土の生成

湿地帯

　森林を伐採して腐植土の生成がなくなれば海藻の繁茂がなくなり漁業が衰退することは、襟裳岬の例があります。

　湿地帯も森林と同様に海藻などの生物を生育するのに重要な役割を果たしています。

　湿地帯に腐植土が生成することは、湿原の泥炭と腐植の項でも述べましたが、湿地帯の中を流れる河川水にはフルボ酸鉄の濃度が高いことも測定されています。

　湿地帯としての水田、湖沼でもフルボ酸鉄の濃度が高いことが確かめられているため、河川も含めてコンクリート構造にしないで、生物が活動できる湿地帯にしておくと、海はフルボ酸鉄の流入で漁業ができる生きた海にすることができるのです。

【図表98　腐植土を産する湿地帯】

干潟

　干潟では、流入排水が浄化され、上澄液が海に流失し、有機物が干潟の泥

質に蓄積していれば腐植土が生成されます。ゴカイや貝類などの生物が増殖しているところには、腐植土の生成があるといえます。

　日本の干潟の多くは、埋め立てによって陸地として利用されてきましたが、これからは視点を変えて、干潟の機能を有効に活用するためにそのまま残しておくべきかもしれません。

　例えば、これまでは、人々が豊かに生活するために、工業と農業で生産に励んできました。

　物品で豊かになりましたが、一方では環境問題が発生しています。いま、この歪みを是正するには、生産だけでなく、生物を育てることにも視点を変えるときがやってきていると考えます。

　干潟も森林と同様に沿岸漁業への寄与をし、生物の繁殖で生物多様性を図ることで自然環境維持で新たな評価ができるのです。

(2) 環境保全

生物多様性

　地球上に生息する生物は、数百万種とも数千万種ともいわれています。その多種多様な生物の繁殖により、大気、水、土壌での循環や収支が維持され、人々が生活しやすい空気、水、温度、土壌などの環境と食料やその原料などが得られています。

　さらに、生物多様性は、森林、河川、海の環境保全にも役立っています。

　今、ある種の生物種が絶滅の危機に瀕しているので、人類の生きる基盤が危うくなっているともいわれています。生物多様性条約第10回締約国会議（COP10）が名古屋市で2010年10月に開催されましたが、COP 1で1992年に生物多様性条約が締結されてから約10年間、生物多様性はなぜ守らなければならないかとの議論もされています。

　しかし、現在では、生物多様性を保全しないと生態系を持続することができないと考えるのが、多数派の意見です。

　湿地帯には、植物、動物の貴重な生物種が数多く生存しています。それは、人々が入りにくいために自然のバランスがとれているのも一因ではありますが、腐植土を含む良質の土壌が存在していることも影響しているとも解釈できます。

　湿地帯には、生物絶滅危惧種が生育していることが多く、それらも考慮することが必要なのです。

アメリカの湿地保護

アメリカでは、湿地は次の①〜⑤に掲げた理由による評価で、1985年に農業法における環境保護措置として湿地保護のための罰則を定めています。
① 魚介類、カモ等野生動植物の生息地である
② レクリエーションの場になる
③ 洪水を防ぐ湛水機能をもつ
④ 水質を改善する
⑤ 地下水の水量を調整する役割をもつ

腐植土に富んだ森林からの水は河川水の浄化

降雨により、陸地の水は、いずれ海に流れていきます。森や湿地帯で形成された腐植土は、陽イオン吸着力が高いので、フルボ酸鉄などの腐植ーミネラル結合体として、水に含まれて河川を経由して海に流れ込みます。

フルボ酸鉄などが海藻や魚類に栄養分を与えるとともに、生理活性化の役割を果たすため海の生物が豊富になってきます。

腐植土は、陽イオン交換容量が高いので、有害元素が陽イオンとして水中に存在するときは、腐植土に富んだ森林からの水は河川水の浄化もしていることになります。

森と湿地と川と海は、強いきずなでつながって生物生態系が維持されており、森のフルボ酸は海に入ることによって海を豊かにしています。したがって、いったん生態系のバランスを壊せば、陸地だけではなく、海の豊かさも失われることを知らなければなりません。

3　海の磯焼けはフルボ酸鉄で再生

磯焼けの海を蘇らせる

　北海道の日本海沿岸は、岩肌が石灰藻に覆われ海藻が生育できない磯焼けになっています。磯焼けは、ワカメ、コンブなどの海藻が枯死した状態で、海藻の枯死に代って石灰藻が岩盤を覆って白色を呈する現象をいいます。

　磯焼けの原因は、森林伐採説、土砂付着説、水質汚濁説、栄養塩不足説など多くの原因がいわれていますが、決定説はみつかっていないようです。

　石灰藻が岩盤を覆ってしまうと、ワカメやコンブなどの海藻は全く生育できなくなる不毛地帯になります。

　磯焼けで不毛地帯が広がっていますが、河川水が流入する沿岸や河口域にはワカメやコンブなどの海藻が繁茂して、石灰藻が広がっていません。河川水が流入するところには、森林からの腐植が流入して海藻が繁茂し、河川水流入がなくて腐植が含まれない海域に石灰藻の不毛地帯が広がっているのです。

　このように腐植を運ぶことができる河川水の移動で海藻が繁茂するかどうか左右されているのが、自然海域の実態のようです。このことから、全海域にわたって腐植をもっと供給することができれば、磯焼けの不毛地帯を減らして、ワカメやコンブの海藻を増やすことができるのです。

　実際に良質のコンブ産地はすべて河口にあることもわかっています。海藻や植物プランクトンは、腐植のほかに栄養分が不足すると繁茂しないので、河川水から腐植と栄養分の供給を受けて繁茂することになります。そして海藻や植物プランクトンは動物プランクトンや貝類の餌となるので、魚介類が集まることになります。

　自然生態系からのフルボ酸鉄は上記の湿地帯から森林までの地帯で形成される腐植からとなりますが、他には❹に示す腐植活性汚泥法の処理水に腐植が含まれていますので、この処理水を流域に放流してから河川水として河口に流入させることもできます。

　フルボ酸鉄は、コンブの繁茂をしながら、一方では石灰藻の胞子を死滅させて磯焼けを減らし、海藻の繁茂ができるのです。フルボ酸鉄を海域にできるだけ多く、広範囲に供給することが大事になるので、湿地帯、干潟、湖沼、森林、などの腐植形成をする地帯の保護育成をしながら、フルボ酸鉄を海域へ供給することが必要になります。

4 魚類の細菌感染、カバの負傷はフルボ酸で回復

(1) フルボ酸の活用例

フルボ酸の実験結果

　大阪府立大学の児玉洋教授は、「魚類細菌感染症の鯉の穴あき病とアユの冷水病に対する腐植抽出液（フルボ酸）の感染防御効果」の実験結果を報告しています。

　実験は、フルボ酸添加飼料を鯉とアユに給餌し、病原細菌を浸漬攻撃したものです。その後の病変を観察し、菌分離を実施しました。

　まず、フルボ酸の病原菌に対する抗菌作用を調べたところ、いずれの病原菌にも抗菌作用を示したといいます。

　感染実験において、フルボ酸非投与の鯉に出血と皮膚のびらんが観察され、その後出血病変は重度となり、さらに病変は穴あき状態へと進行し、重度の潰瘍により筋肉が露出しました。鯉の生存率は、20％でした。

　一方、フルボ酸添加飼料を給餌した鯉は、皮膚病変は観察されないか軽微であり、死亡するものはなかったのです。生存魚の皮膚および腹腔内臓器から病原菌は分離されませんでした。

　鯉の穴あき病に及ぼすフルボ酸の感染防御効果は図表99に、体表の病変は図表100にそれぞれ示しました。

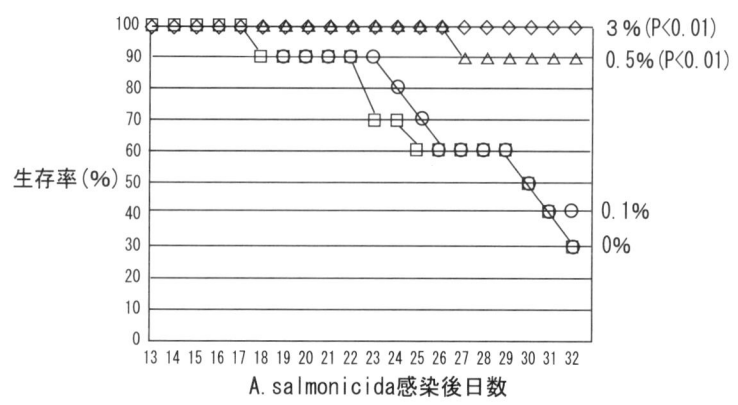

【図表99　鯉の穴あき病のフルボ酸効果】

縦軸：生存率(％)　横軸：A. salmonicida感染後日数

3％ (P<0.01)
0.5％ (P<0.01)
0.1％
0％

【図表100　鯉の穴あき病のフルボ酸効果】

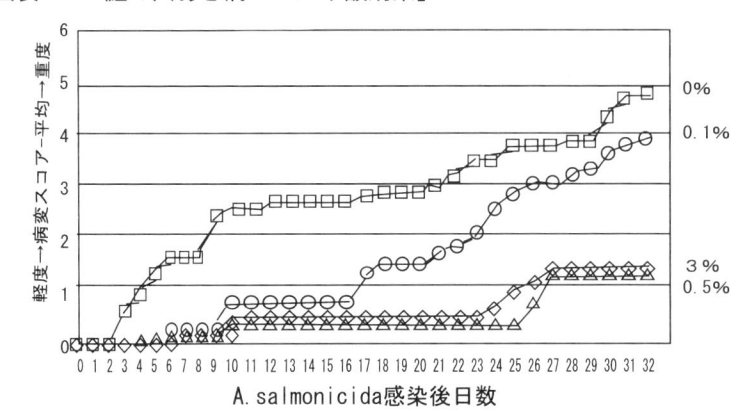

縦軸：軽度→病変スコアー平均→重度（0〜6）
横軸：A.salmonicida感染後日数（0〜32）

凡例：0%、0.1%、3%、0.5%

(出典：図表99、100とも、Kodama,H.Denso and Nakagawa, T.:"Protection against atypical Aeromonas salmonicida infection in carp by oral administration of humus extract" J.Vet.Med.Sci.69.405-408（2007））

　鯉の穴あき病原菌を浸漬攻撃し、フルボ酸をエサに3％混合して給餌した場合、鯉の細菌感染症穴あき病に対する感染防御効果を示し、生存率は高く、体表の病変も軽く、体内から病原菌も分離されなかったので、フルボ酸が抗菌作用を示したことになります。

アユへのフルボ酸添加飼料の給餌実験

　アユへのフルボ酸添加飼料の給餌実験では、病原菌攻撃21日後に正常飼料給餌（フルボ酸非投与）の場合のアユの生存率は35％で、潰瘍部から病原菌が検出されています。
　一方、フルボ酸添加飼料を給餌し続けたアユでは、皮膚病変は観察されず、生存率は96％でした。生存魚の皮膚、エラから病原菌は分離されなかったので、フルボ酸が抗菌作用を示したことになります。
　この鯉とアユの実験で細菌感染症防御効果があることがわかり、沿岸漁業の回復にもフルボ酸が大きな役割を果たしていることが理解できました。
　日本の栽培漁業でのウイルス性神経壊死症の例のように、感染症防御ができずに低い生存率で養殖を続けている魚類もあることを考えれば、フルボ酸効果例を参考にして、感染症対策に取り組むことを願うばかりです。

フルボ酸の抗菌の効果

　❺のフルボ酸の抗菌・消臭の項で、フルボ酸の抗菌・抗ウイルス性の効果

を述べ、ここでも魚類への抗菌効果を述べたので重複しますが、抗菌の意味をはっきりさせておくことにします。

殺菌は、微生物の生命を奪い不活化すること、消毒は、病原菌を殺菌して感染を防ぐ操作を意味し、非病原菌は問題にしません。化学的殺菌法の消毒薬は、病原菌、非病原を問わず、短時間で微生物を死滅または不活化させるものです。

滅菌は、病原菌、非病原菌を問わず、すべての微生物を完全に死滅させることで、微生物を100万分の1以下までに死滅させることです。除菌は、病原菌を減少させて感染を防ぐことで、精密濾過フィルターなどで微生物を除去することなどをいいます。

病原菌に対しては毒性をもつが、人の細胞には無毒な性質を選択毒性といい、その物質を抗菌薬、抗菌剤といいます。現代医学の抗菌療法は、抗菌薬・ペニシリン発見から始まり、抗菌によって人々を病気から救ってきました。

フルボ酸は、人に対して安全で、病原菌を死滅させるので抗菌作用があるといえます。さらに、動物や植物の生長を活性化する作用まであるので、抗菌生物活性剤といってもよい役割をもっています。

この性質が、森林、湿地、河川、海で動物、植物、魚類などの生長を促し、自然環境の保全に欠かせない素材になっているのです。このことは、フルボ酸の利用によって自然環境の保全と再生ができますが、同時にフルボ酸を歳月をかけて生産して、バランスのとれた自然環境を守っていかなければならないことを示唆しているともいえます。

食材は、有機栽培農業の野菜

筆者は、汚水浄化と土壌の研究を長く続けているので、環境とか自然については深い関心をもってきました。そのため、食事は野菜類が多く、自然派を自称しています。その筆者を上回る自然派で、鉱物にも傾倒しているのが惣川修さんです。

あるとき、惣川さんに誘われました。ミネラル豊富なお風呂に入った後、鉱石層を通した水で料理した自然派食事を、山間地ではなく東京・銀座で体験しようというのです。惣川さんご夫婦と筆者夫婦が参席しました。食材は、有機栽培農業の野菜ばかりで、若者には不満かもしれない内容でした。

しかし、筆者は、肥沃な土壌で育てた作物の養分は健康的で、料理水はミネラル豊富で、おまけにお風呂でミネラルの供給を受けて、筆者の体内活性化を促す最高の食事であることに気づかされました。

(2) 腐植土の活用

カバの沼地とレタス

　その惣川さんは、若い頃はドキュメント映画の監督であり、約20年前には毎日放送テレビで放映された「野生の王国」の製作を手がけています。その野生の王国の取材でアフリカのザイール（現在のコンゴ共和国）に行ったとき、ザイール河の支流の川岸でカバのハーレムを多数見たといいます。

　支流の周辺には沼地が多く、沼地にはカバがびっしり浸っていますが、彼らは尻尾をぐるぐる回しながら糞飛ばしを繰り返すので、沼地から出たカバの背中は糞だらけ、沼地の水面も糞だらけの状態になるそうです。

　カバたちのハーレムの一団は、夕暮れになると沼地から出て餌場の草原に向かい、日の出前に沼地に戻ってきます。そしてそのときには、糞尿で汚れていた沼地が、透明な水になっているというのです。

　さらに、腹と尻に白い脂身と骨がみえるほどの傷を負ったカバが沼地に入ったといいます。それほどの大傷を負ったカバはどうなるのかとレンジャーに質問したところ、「大丈夫だ。夕方までに傷は治っている」とのことで、2度びっくりしたそうです。

　カバの沼地に近い豪族の山荘に招かれたときには、見事なレタスが種から1週間の産物と聞き、3度目のびっくりしたことを聞かされました。

　これらの現象について推定してみました。沼地にはカバの糞尿が入り、カバの糞飛ばしなどによって、沼地内で曝気をしています。これは、汚水浄化法の一方法である回分式活性汚泥法になっており、糞尿を浄化していることになります。沼地には泥炭層があって、腐植土が多く含まれているので、糞尿は腐敗することなく腐植活性汚泥法処理で透明な水に処理されていたのです。

　また、沼地内の水で、傷口を消毒しながら、病気にかかることなく、生理活性化でカバの自然治癒力が進み、傷口の回復が早くなったのです。沼地の温度もやや高いことが予想されるので、温度も糞尿の発酵分解を早めているといえます。

　レタスについては、カバの沼地と同様に、腐植土による良質の土壌と水と太陽で生長が早くなっていることが伺えます。

豚に腐植土を与える

　この種の現象は数多くあって、牛が土を食べると毛並みが光沢を増し、健

康になったという話があります。ある小説のの中に、「豚小屋の中に閉じ込められた豚は、生後1か月くらいで白色下痢にかかりやすくなる。腐植土を若い豚に与えると、病気にかからない」という件がありました。

筆者の知人の田中栄次さんは、子豚が下痢にかかりやすいので、腐植土を与えると、翌日には下痢が治ります。子豚に与えたり、飼育豚にも腐植土を与えて健康的に飼育しているのです。

田中さんの飼育豚を市場に出荷したときの枝肉評価は、概ね上クラス(上物)で、悪くても中クラス、並クラスになることはないので、常に上クラスの高い価格で販売できているといいます。

さらに、枝肉は旨味の肉質であり、内臓は健康的で臭味がないので、いずれも評判がよく、筆者もおいしく食べたことがあります。

腐植土は、海の沿岸魚類、草原のカバ、畜産業の豚などの生物の活性化に役立ってきました。他の多くの植物、動物、そして人々の活性化に、腐植土やフルボ酸が役立つことがわかってきています。

人々の知恵と努力で生物が喜ぶことをしてやれば、生物は繁殖し、自然環境の保全と再生がなされて、人々に恩恵を与えてくれるはずです。

豚に腐植土を与えて健康な養豚ができることを示しましたが、健康な養豚では、腐植土だけでなく健康な飼料とそれをつくる健康な土壌が必要です。健康な作物と動物を食して人は健康が得られるのですから、健康な土壌づくりがベースになってきます。

健康な土壌づくりをするには、1つでも養分が欠乏してはいけません。欠乏する、健康な作物を育てることができません。健康な作物を育てるために土壌の条件を示します。

(1) 土壌のpHは作物によって変わりますが、概ね5.5〜6.5の微酸とします。
(2) 陽イオン交換容量は20〜30mg/100g程度とします。
(3) 土壌中の腐植含量は3〜5%とします。
(4) 土壌の3相分布は畑地では固相40%、気相30%、液相30%の分布とします。
(5) 土壌はマクロ団粒形成とするように堆肥施用をします。
(6) 微生物数が多くなるようにします。
(7) 土壌100g中にCa = 150〜300mg、Mg = 20〜30mg、K = 15〜20mg、有効P = 10〜20mg程度にします。

最近の野菜はミネラル不足で、特に銅、マンガンの低下が著しいです。

⑧ フルボ酸の健康・美容・医療への利用

1 健康な土は妙薬

健全な食物を生産する健全な土づくりが必要

　人類が生きていくための食物は、土から得ています。健全な土は、健全な作物、健康な動物を育て、栄養豊かな食物を人間に与えて、人間の健康の保持に貢献しています。

　したがって、人間の健康には、健全な食物を生産する健全な土づくりが必要になります。健全な土づくりは、堆肥を用いた有機農業を行い、腐植の効果を用いることがポイントとなります。

　腐植は、地力の維持に必要不可欠なバランスのとれた栄養を植物に供給し、作物は対病性を獲得し、病害虫に侵されにくくなり、それらを食べる家畜や人間も健康になることが明らかになっています。

　イギリスの植物病理学者アルバート・ハワードは、彼の農場で肥沃な土壌に育った牧草を食べて飼育された牛は病害虫に侵されず、口蹄疫、乳房炎、敗血症にかかっている隣の農場の牛と鼻をこすり合わせているのを何度か目にしましたが、何も起こらなかったと報告しています。

医食同源

　肥沃な土では、土壌中のミネラル、アミノ酸、酵素、ホルモン、ビタミンなどの栄養を植物が吸い上げ、その植物を動物が食べ、その植物と動物を人間が食べて、病気になりにくい本当の健康が維持できます。

　まさに「食、誤れば病発す。病発しても、食正しければ病治す。よって医食同源なり」の言葉どおりです。ある研究者は、「動物と人間の病気を治したければ、まず土壌を健康にしなければならない」ともいっています。

　腐植土あるいは堆肥の中に炭素菌、パラチフス菌、結核菌を加えた実験で、病原菌が死滅することも報告されています。堆肥化の温度60〜70℃の高温だけでなく、堆肥化の間に生成する抗生物質によることも証明されています。

　肥沃な土は、腐植によってつくられるので、土の中の腐植は他の栄養分とともに作物に吸収されます。その作物を食べることにより、健康維持、病気予防の生体づくりができるのです。

　黒ぼく土などの農地には、腐植が4〜5％含まれていますが、腐植生成に

は長年月を要するので、腐植の消耗や誤った施肥で腐植欠乏にならないように堆肥の追肥が必要になります。

土壌が腐植欠乏になると、団粒構造の消失、土の硬化、保水力の低下、保肥力・粘着力の低下、土壌生物の減少、リン酸の固定と肥料無効化、ミネラルの減少、病害虫と病原菌の発生増加、土壌の侵食などの現象が起こり、殺虫剤などを多用しなければならなくなります。

化学肥料の普及で肥沃な土地に蓄積されていた腐植を使い果たすに従って、作物や家畜の病気は増加しています。さらに、腐植の低下は、地力の低下につながります。人々は、世界的に土壌侵食や砂漠化へと進行していることを真剣に受け止めなければならないといえます。

自然界の連鎖を提唱

ハワードは、肥沃な土で育てた牛が隣接する農場で大発生した口蹄疫に20年以上かからなかったことなどから、化学肥料は土と土壌微生物を殺すので農薬の散布が必要になり、ミミズがいなくなることを指摘しています。

そこで、自然界の連鎖を提唱し、「自然を怒らせてはならない。自然は、一時的に従うようにみえても、その復讐は恐るべきものだ。自然は理に適った恩恵を与えてくれるが、無限の欲に仕えることは決してない」といっています。

腐植による肥沃土での栽培飼料で飼育した家畜の状況

イギリスのグリーンウェルは、腐植による肥沃土で栽培した飼料により飼育した家畜から、次のことが得られたと報告しています。
① ヒヨコと子豚の死亡率が事実上ゼロになった。
② 家畜の全般的な健康と活力が大幅に改善された。
③ 自家製農産物飼料の給与量が10％ほど減った。

①～③は、肥沃土で栽培した作物を家畜に給餌して得られた結果ですが、筆者らは一般の飼料に腐植土を添加することで同じ結果を得ています（❻の2－(9)参照）。

肥沃な土にするには

フランスのプロヴァンスのラ・クローの牧草地は肥沃で、その牧草はフランス国内の多くの競馬厩舎に送られ、イギリスのニューマーケット（競馬で有名な町）にまで輸出されています。胃袋の小さな競馬馬は、できるだけ質

のよい飼料を必要とするからです。
　肥沃な牧場の羊の放牧では、隣の牧場より羊は肥えていて、羊毛もすばらしいものでした。この牧草地に連れてこられた羊の羊毛は、以前よりずっとすばらしくなり、元の放牧地に戻されると羊毛の質が落ちたそうです。
　肥沃な土にするには、腐植による地力づくりをして、腐植と微生物と土とによって植物に栄養供給を行う必要があります。地力維持によって植物は耐病性を獲得し、病害虫に侵されにくくなり、その作物を食べる動物や人間も健康になります。腐植に富んだ肥沃土から生産された食物は、品質、味、保存性とも良好なのです。
　肥沃土からの農産物や牧草を食べて健康になる例を示しましたが、腐植土を動物が直接食べて健康になる例もあります。
　国内にもベドバ（土なめ場）と呼ばれる場所があり、シカやカモシカがその土をなめにくることが知られています。動物は、本能的にミネラル欠乏症などで土を食べて、生命の妙薬にしているのです。
　筆者は、養豚場で腐植土を掌に載せて豚に近づくと、豚は喜んで素早く腐植土を食べたのを経験しています。

泥浴は神経痛、皮膚病、リューマチなどに効果
　病気治療法として、泥浴は神経痛、皮膚病、リューマチなどに効果があることで、世界各地に泥風呂がありますが、泥の成分をすべて把握しているわけではないので、ここでのコメントは差し控えたいと思います。
　泥風呂ではないのですが、モール温泉が腐植酸、フルボ酸を含む温泉として知られており、その好例が十勝川温泉といわれています。そのモール温泉は、後述することにします。
　絶世の美女クレオパトラの美容法として、死海の泥を用いた泥浴美容が知られていますが、死海の泥に腐植が蓄積していたと考えられるので、生来の美女が死海の泥に含まれる腐植による美肌化、活性化などで一層磨かれたといえるでしょう。
　この項では、健全な土が、健全な作物、動物を育て、栄養豊かな健康食品を供給し、人間の健康を維持し、耐病性も獲得できると述べてきました。

多くの効果を示す腐植の基本
　これらの効果は、腐植（腐植酸とフルボ酸）によってもたらされるものです。腐植の存在で陽イオン交換容量が高くなるので、ミネラル類が豊富に吸

着され、生物の生理活性が高くなります。

　有害物質の混入は、一時的に削除されて無害化され、病害菌には自然免疫性、抗菌作用が働き、酸化に対しては抗酸化作用が働きます。肌には、有機性ミネラルとして吸収されやすくなり、活性化と保湿性の効果を与えてくれます。

　他にも腐植による作用効果はたくさんありますが、これほど多くの効果を示す腐植の基本は、化学構造が固定されず、カルボキシル基などの官能基を多くもっているからだと考えられています。

　化学構造が不定ということは、変化に対応して新しく化学構造を形成できるということです。官能基は、ミネラルを吸着し、他の物質とキレート反応して取り込むことができます。生物反応に寄与し、自らも分解、重合の、縮合の化学反応もします。これらの能力を貯蔵している腐植を含む肥沃土は、妙薬と呼ぶのが妥当であるといえます。

　田中栄次さんは、腐植土給餌をしていますが、腐植水を飲ませる飲水システムでも腐植土給餌と同じ効果があるとしています。飲水システムは、水槽に中に腐植ペレットをネット袋に吊り下げて腐植水をつくり、その腐植水を肥育豚にのませる形式です。

　あるとき、豚舎の給水栓に腐植水系統と井戸水系統などの系統を設置して肥育豚が自由に飲水できるようにしました。実験開始とともに給水栓の使用回数を測定したところ、いくつかの水系統の中で腐植水の飲水使用回数が多く、肥育豚は腐植水に嗜好性をもっていることがわかりました。

　筆者は、肥育豚舎に入って、両手のひらにエサと腐植土を片手ずつにのせて肥育豚に近づくとすぐに腐植土を食べにきたのを経験しています。

　また、オガコ敷料の中に腐植土を添加混入させてつくった踏込式オガコ敷料豚舎で臭気除去効果を測定する実験をしたところ、臭気低減効果が得られました。

　豚舎の周辺にハエはいるのですが、腐植土入り踏込式敷料豚舎にはハエがみつかりません。ここで疾病の予防・治療を目的として家畜に使う動物薬は薬事法の適用を受けますが、腐植土給餌、腐植水飲水、敷料への腐植土添加による使用では殺虫や駆除を目的にしていないので、薬事法対象外の取扱いにしています。

　肥育豚が好んで腐植土を食べ、腐植水を飲むことを紹介しましたが、他の動物も土を食べることが知られています。また、亜鉛が不足すると味覚が変化して、「土食症」という土を食べたくなる症状が出るといわれています。

2　フルボ酸の特性

腐植酸とフルボ酸の官能基性成分を測定

　前項では、土と植物と健康の関係を述べ、土は生命にとって妙薬だとも述べました。しかし、土を人体に直接的に使用することは、気分的にできません。

　筆者らは、掘削地から淡水性腐植と海水性腐植(図表18参照)を混合して腐植土を掘削しています。

　腐植の化学構造は、起源により異なると考えていますが、混合採掘により淡水性腐植と海水性腐植の両特性が得られ、分離してよりもむしろ良質腐植土を採取していると理解しています。

　その混合腐植土を均一化したうえで、腐植酸とフルボ酸に分画してから腐植酸とフルボ酸の官能基性成分を測定しました。その結果は、図表101のとおりです。

【図表101　エンザイム腐植土中の腐植酸とフルボ酸の成分】

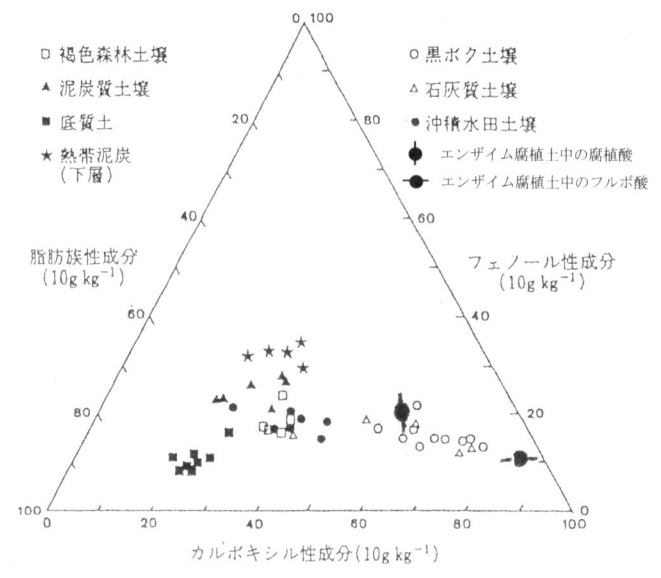

- □ 褐色森林土壌
- ▲ 泥炭質土壌
- ■ 底質土
- ★ 熱帯泥炭（下層）
- ○ 黒ボク土壌
- △ 石灰質土壌
- ● 沖積水田土壌
- ◐ エンザイム腐植土中の腐植酸
- ◑ エンザイム腐植土中のフルボ酸

脂肪族性成分 ($10g\ kg^{-1}$)
フェノール性成分 ($10g\ kg^{-1}$)
カルボキシル性成分 ($10g\ kg^{-1}$)

(出典:「土壌研究における新しい分析方法 5-NMRによる土壌有機成分の研究」日本土壌肥料学雑誌64巻、米林甲陽著(1993))

フルボ酸のカルボキシル基性成分が多い

　図表101は、測定したフルボ酸のカルボキシル性成分が多く、参考土壌

と比べても最も多く、腐植酸のカルボキシル性成分はフルボ酸より少なく測定されました。

一般的にもフルボ酸は、腐植酸に比べてカルボキシル基が多く、反応性に富むといわれていることから、一般的な傾向とも一致しています。

フルボ酸は、より反応性に富むことから、酸性状態で腐植抽出物（humic extract）を生産しました。この酸性状態で抽出された腐植抽出物は、❷の図表12の分別によるフルボ酸液です。

したがって、酸性の腐植抽出液は、単にフルボ酸と呼ぶことにします。そのフルボ酸をビーカーに採取した様子を図表102に示しました。

【図表102　フルボ酸の様相】

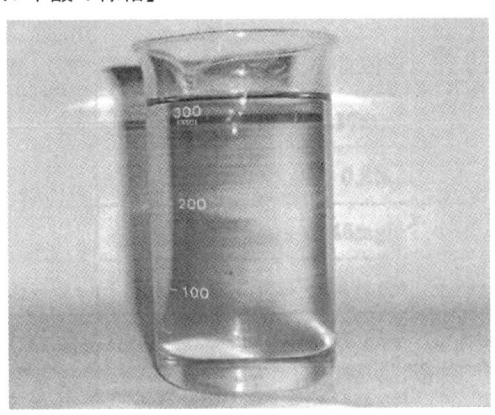

筆者らが生産したフルボ酸は、図表101に示すようにカルボキシル基が多いのです。一般に、植物体が土中に堆積されると、その構成物であるリグニン、ペクチン、タンパク質、澱粉、糖類などが微生物や酵素によって分解され、有機酸、ビタミン、ホルモンなどを長年月かけて生成します。特にリグニンが腐植供給源になり、官能基はメトキシル基－OCH_3を経てカルボキシル基－COOHを生成します。

生産地・堆積年度・温度などによりフルボ酸の特性は異なる

この生成経路からメトキシル基をもつフルボ酸は若く、カルボキシル基を多くもつフルボ酸は古いといえますが、数十万年前といわれているカナダのフルボ酸にはメトキシル基が多く含まれ、8,000年前の筆者らのフルボ酸にはカルボキシル基が多いのです。

メトキシル基は、フルボ酸の成熟度が低いともいえるのですが、生産地、

堆積年度、温度などの条件によって、フルボ酸の特性は異なるといえます。

このあと、フルボ酸をいくつかの商品に利用したときの特性について記述していくことにしますが、基本的なフルボ酸の特性は、❸に示した腐植特性の記述どおりです。

コラム－2

お花にやさしいフルボ酸

2010年に夏、友人から素敵な花束が自宅に届きました。早速、花束を花瓶に移して楽しめる場所に置きました。

この年の夏は猛暑で、花瓶の中の水はすぐに温度上昇して、花の寿命は1週間で終了寸前になりました。

その間、花瓶の中は腐敗して、花瓶の周囲は臭気のほかに、しょうじょう蠅が発生して、大騒ぎでした。

その後、花瓶の水の量の250分の1位を目安にして、フルボ酸を花瓶に入れたところ、花瓶の水の腐敗はとまり、花も立ち直りはじめて、終了寸前の花はさらに寿命を延ばして目を楽しませてくれました。もちろん、しょうじょう蠅も発生しなくなりました。

このことを知ってから、某社が販売している切花活性剤とフルボ酸を比べて評価するために、バラの花の切花寿命テストをしてみました。某社の切花活性剤の使用の場合には、バラは4～5日間は維持できましたが、6日目にバラの花は落ちてしまいました。

フルボ酸の使用の場合には、10日目でも葉のつや、花びらのつやに効果があり、葉の勢いが落ちずに葉の色も変わりませんでした。バラの切花は、フルボ酸で10日以上の持続効果があることが確認できました。

バラ以外にも、他の切花についてバラと同様の比較テストをしましたが、すべて同じ傾向の結果が得られました。その理由として、花瓶内を除菌している、花瓶の水が腐敗しない、フルボ酸のもつ生理活性が切花を刺激している、などが考えられます。

また、妻がセントポーリアを育てていて、きれいな花を見せてくれるとかわいいし、心がなごんできます。しかし、セントポーリアの育て方はむずかしいとのことで、筆者には水やりといえども、お花にかかわるお手伝いなどは一切させてくれません。

ただ、観賞しているだけです。育て方をそばで見ていると、セントポーリアの葉の根元に白いネバネバの粘着生物が付着してきますが、妻は白い粘着生物をつまみ出せるところはつまみ出して、そのあとにフルボ酸を水道水で250倍に希釈した液体を噴霧しています。

このようにフルボ酸を噴霧使用することにより、白い粘着生物は暫く発生しなくなり、セントポーリアは順調に育ち花を楽しませてくれます。セントポーリアには、病害菌、病害虫の発生が多いので、殺菌、殺虫も育て方のコツの1つなのでしょう。

フルボ酸がどのような役割を果たすことができたのか、セントポーリアの特性を知らない筆者は答えようがありませんが、フルボ酸でお花を楽しむことができていることは間違いのない事実です。

3　フルボ酸入り飲料水

飲料水基準を満たすフルボ酸入り飲料水

　腐植土には、アミノ酸、酵素、ビタミン、ホルモン、ミネラルなどの栄養を含み、栄養源を吸収すると健康が維持できると述べてきました。腐植土を飲料水にするには気分的に抵抗がありますが、飲料水基準を満たすフルボ酸入り飲料水をつくることはできます。

　すでにアメリカ、カナダでは、フルボ酸入り飲料水が市販され、国内でもインターネットで検索するとフルボ酸入り飲料水が販売されています。

　腐植酸やフルボ酸が動物や人間に吸収されたときの例は、前項の「健康な土は妙薬」で示しましたので、ここでは健康要素について述べてみます。

補欠分子族は、生命反応には必須条件

　生命の活動を受けもつ多種多様な生体反応は、酵素の活性化によって行われます。酵素単独で活性化することもありますが、補酵素や補欠分子族と結合して活性化することもあります。

　補酵素はビタミンなどから合成され、補欠分子族は有機低分子化合物や金属イオンで、これらが不足すると活性化されないで不活性化となるので、細胞組織などを構成できなくなります。

　例えば、野球チームの補欠は、ベンチにいるので、補欠員が出場しなくてもゲームを進めることはできます。しかし、生体において、補欠分子族の結合がないと生体反応の機能は進まないので、補欠分子族は非常に重要であり、生命反応には必須条件なのです。

有機性物質のフルボ酸とミネラルの結合体

　フルボ酸は、生体反応を活性化する生理活性化物質を含んでいるので、健康づくりをすることができます。特にフルボ酸は、マイナス電荷なので、プラス電荷のミネラルを吸着しやすいとともに、カルボキシル基などの官能基とキレート反応で結合することができます。

　このことによって、有機性物質のフルボ酸とミネラルの結合体ができるのです。この有機性ミネラルの結合体は、金属ミネラルと比べて生体内に吸収されやすいので、ミネラル不足になりにくく、補欠分子族として十分に活性

化に役立つことになります。
　フルボ酸は、抗酸化能力をもち、活性酸素の除去もします。フルボ酸のもっているカルボキシル基の官能基は、ミネラルなどの陽イオン（Me^+）や活性酸素と接するとH^+のプロトン（陽子）の素早い置換反応により活性酸素は不活性の水になります。その反応式を示すと、次のようになります。
　$-2COO^-H^+ + 2Me^+ + O^{-2} \rightarrow -2COO^-Me^+ + H_2O$

フルボ酸の吸収により自然免疫力がつく

　このほかに、家畜の例でフルボ酸の吸収により自然免疫力がつくことも報告されています。
　筆者自身の例として、フルボ酸を毎日30〜50mlを1年間飲み続けたところ、花粉症が完全に治ってしまいました。さらに、大腸ポリープが4〜5年続けて発生していたので毎年切除していましたが、花粉症完治と同時期にポリープ発生もなくなり、以後5年経過していますが、花粉症・ポリープとも再発生はなく現在に至っています。
　これらの医学的説明を十分にすることはできないのですが、フルボ酸の飲用で完治したのは事実であり、フルボ酸のアレルギー発症抑制効果と抗酸化機能による効果かと思っています。花粉症とポリープの完治は、フルボ酸の継続飲用がポイントであり、一時的飲用では完治しなかったと思っています。

適度なミネラルを生体に供給する

　ノーベル化学賞を2度受賞したポーリング博士は、「病名のはっきりしない病気も、はっきりした病気も、きっとミネラル不足に辿り着くに違いない」と述べています。ミネラルは、不足しても、過度に摂取しても病気になります。
　多種多様のミネラルを適度に吸収することにより、生体の活性化を促し健康体となり、自然免疫力・治癒力が増強されます。適度なミネラルを生体に供給するには、フルボ酸に含まれる植物性ミネラルが吸収されやすく最適だといえます。
　厚生労働省は、「日本人の食事摂取基準」をまとめて、人に欠乏症が発生する必須微量元素として、9種類の鉄、亜鉛、銅、マンガン、ヨウ素、セレン、モリブデン、クロム、コバルトについて摂取が必要な所要量を定め、さらに過剰摂取への対応も考慮して許容上限摂取量を設定しています。
　今、日本人は、鉄、銅、亜鉛が不足しているといわれています。

4　フルボ酸入り化粧品

薬事法に示されている化粧品とは

　古事記などには、赤土（ハニ）の記述があります。さらに、鉛白粉（ハフニ）や水銀白粉（ハラヤ）などが古くから化粧に使われていました。鉛白粉は、1935年販売禁止になりましたが、その後、優れた品質の化粧品が数多く誕生しているのは、衆目の知るところです。

　薬事法では、医薬品、医薬部外品、化粧品、医療用具の4つの分類がなされ、化粧品は「人の身体を清潔にし、美化し、魅力を増し、容貌を変え、または皮膚もしくは毛髪をすこやかに保つために身体に塗擦、散布、その他これらに類似する方法で使用されることが目的とされている物で、人体に対する作用が緩和なものをいう」と定義づけられています。

　医薬部外品は、薬用歯磨き、防臭化粧品、染毛料のように人体に対する作用があっても、「作用が緩和であり、疾病の治療または予防に使用せず、身体の構造、機能に影響を及ぼすような使用目的を併せもたないものであること」とされています。

　薬事法に示されている化粧品とは、健常人を対象として、人体を清潔に保つという衛生面と美しく装うということが目的であって、その種類と使用目的は図表103に示すとおりです。

【図表103　化粧品の分類】

種類	使用目的	主な製品
スキンケア	洗浄	洗顔クリーム・フォーム
	整肌	化粧水、パック、クリーム、ローション
	保護	乳液、モイスチャークリーム、エッセンス
コスメテックス	ベース	ファンデーション、パウダー、ジェル
	ポイント	リップ、チーク、アイシャドー、アイライナー、コンシーラー
ボディケア	浴用	石鹸、ボディソープ、入浴剤
	紫外線対策	日焼け止めクリーム、UVケア
	防臭	デオドラントスプレー

ヘアケア	脱色・脱毛	脱色・脱毛クリーム
	洗浄	シャンプー、ヘッドスパ
	トリートメント	ヘアトリートメント、リンス、コンディショナー
	整髪	ヘアリキッド、ヘアムース、ヘアーエッセンシャル
	染毛・脱色	ヘアカラー、カラーリンス、ヘアブリーチ
	育毛・養毛	育毛剤、ヘアトニック
オーラルケア	洗口液	マウスウオッシュ

化粧品の品質に欠けてはならない特性

　化粧品の品質に欠けてはならない特性として、安全性（毒性がないことなど）、安定性（変質しないことなど）、有用性（保温効果があるなど）、使用性（使用感、使いやすさ）がありますが、フルボ酸利用による化粧品の品質特性については、この後いくつかの化粧品について記述していくことにします。

　その記述にあたっては、化粧品の目的だけでなく、医薬品の治療、予防にかかわることも加えることにします。

　例えば、フルボ酸の抗菌性により黄色ブドウ状球菌を減らし、アトピー治療効果があるといった事項です。

フルボ酸の特性を科学的な分野に限って解説

　化粧品の販売では、治療効果を示すことは法律上できませんが、フルボ酸の特性を説明するために、化粧目的が潤い、保温にあっても、副次的にアトピー治療効果があることも記述するということです。

　本書では、フルボ酸の特性を科学的な分野に限って解説したいことを理解願いたいのです。

　薬事法を考慮すれば、フルボ酸の本質を記述できなくなるからであり、実務販売とは区別して表現したいだけです。

5 フルボ酸入りシャンプー

シャンプーの役割

シャンプーは、明治末期に髪洗い粉が発売されて以降のものであり、現在はほとんど液体状になっています。

シャンプーの主成分は、界面活性剤で、毛髪の洗浄が目的です。

毛髪は、毛小皮、皮質、骨髄質から成り、毛小皮のpHは約5.5の酸性を示します。

1日平均0.3mm～0.5mm成長し、1本の寿命は3年～6年です。一般には、約10万本の毛髪を、その間、数百～数千回の洗髪をすることになります。

毛髪・頭皮の汚れは、皮脂腺から分泌される皮脂、はく離した角質細胞片、汗、外部からの塵埃、毛髪化粧品などです。

毛髪と頭皮の洗浄では、皮脂成分を完全に除去することは必ずしもよくないこと、頭皮表面は細菌の温床になりやすいことなどから、洗浄力は柔和にするのがよいとされています。

シャンプー性能

シャンプー性能としては、シャンプー液を髪に塗布し、手によるマッサージによって毛髪と頭皮を洗うため、洗髪中の毛髪のもつれのない洗髪性が求められます。

もつれを避けるためには、洗髪中の泡立ちがポイントで、毛髪と毛髪の潤滑剤の役割を果たして、もつれないようにしています。

洗髪後の仕上がり感は、風合い、櫛通りのよさ（毛髪の帯電量）、潤い、艶、しなやかさ、はり・こし、裂毛、切れ毛、枝毛、フケ・カユミさっぱり感などによります。

このような毛髪と頭皮に対し、弱酸性で地肌と髪の健康によい商品として、既にフルボ酸を含むシャンプーが販売されています。

フルボ酸の特性付加効果

前項にも記述しましたが、フルボ酸は、アミノ酸、有機酸、ビタミン、生理活性物質、ミネラルを含み、カルボキシル基などの官能基をもっており、

抗菌性、抗酸化性なども備えているところから、次のことがいえます。
① 泡立ちが多くなっている
　界面活性剤は、疎水部と親水部のバランスで界面活性が顕著になって泡立ちますが、従来品のシャンプーにフルボ酸を添加するとフルボ酸のもつカルボキシル基が親水基として強化されるので、いっそう泡立ちやすくなります。実験でも泡立ちが多くなっていることが検証されました。
② フケ・カユミを減少させる
　フルボ酸のもつ抗菌性で毛髪と頭皮が殺菌されるため、頭皮での細菌増殖を抑制し、フケ・カユミを減少させることができます。
③ 毛髪の損傷などを減らす
　フルボ酸を含むシャンプーは、弱酸性あるいは中性にすることができます。従来品のシャンプーは、アルカリ性のため、毛髪の酸性と差があって毛髪を損傷したり、艶を悪くする傾向があったのですが、フルボ酸を含むシャンプーはそれを減らすことができます。
④ シャンプーのpHを調節できる
　フルボ酸の使用量によりシャンプーのpHを調節できます。弱酸性のシャンプーにすれば、アルカリ性の中和をしなくてよいため、リンスの節約ができます。アルカリ性の中和は、髪に負担をかけていることになるので、弱酸性のシャンプーにすれば髪のPHに無理を強いなくてすむようになります。
⑤ アトピー皮膚炎の治療に役立つ
　頭部アトピー皮膚炎の治療に役立ちます。アトピー皮膚炎の90％で黄色ブドウ球菌が検出されています。アトピー皮膚炎の原因は、食物、発汗、物理刺激、環境因子、細菌、真菌、抗原、ストレスなどが考えられていますが、黄色ブドウ球菌によるものはその抗菌性で治療できます。ただし、抗原原因の再発防止になるとはいえません。
⑥ 皮膚の老化を防ぐ
　フルボ酸のもつカルボキシル基などの官能基には、抗酸化性があり、活性酸素による皮膚酸化を防ぎ、皮膚の老化防止になります。
⑦ 頭皮の活性化栄養を補う
　フルボ酸は、陽イオン交換容量が高いので、必ずミネラルを保持しています。さらに、アミノ酸、有機酸、ビタミン、生理活性物質を蓄えているので、頭皮に活性化栄養を補い、健康な頭皮にすることができます。
⑧ 頭皮の保湿性維持に役立つ

皮膚の角質層は、アミノ酸、ミネラル、有機酸、糖質がバランスよく含まれていて、適度な水分を保持しています。フルボ酸は、これらの成分補給をして、頭皮の保湿性維持に役立っています。

洗浄力や洗髪後の仕上がり感が非常によい
　フルボ酸を入れれば、これらの特性を付加することができるため、毛髪のもつれのない泡立ちが得られ、毛髪のpHに近い弱酸性にすることによって毛髪と頭皮のpHに抵抗を与えず、自然の仕上がりにすることができます。
　筆者は、縁があって知り合った岡根谷さんの会社のフルボ酸入りのシャンプーを使い始めたところ、洗浄力や洗髪後の仕上がり感が非常によく、お気に入りになりました。
　市販品シャンプーとしては、高い価格に属するが、毛髪量が少なくなってきている現状を大事にしていきたいので、欠かせないシャンプーとして使い続けています。

6 フルボ酸入り化粧水

天然保湿因子

皮膚は、外部からの障害や乾燥から生体を保護する役目を果たしており、成人では全身で 1.6 ㎡の面積を有しています。皮膚は、表面から順に、表皮、真皮、皮下組織の 3 層に分けられます。

表皮の基底層の細胞が分裂して表層に向かって移動、最上層の角質層に達し、その後垢として脱離していきますが、新しい細胞層に置き換わる期間は約 6 週間といわれています。

角質層は、適度な水分 10 ～ 15％を保持する機能をもっていますが、水分保持に重要な役割を担っているのは角質層中に存在する水溶性の成分で、天然保湿因子（Natural Moisturizing Factor:NMF）と呼んでいます。

NMF の組成は、図表 104 のとおりです。

【図表 104　NMF（天然保湿因子）の組成】

成　分	組成(％)
アミノ酸	40
ピロリドンカルボン酸(PCA)	12
乳酸塩	12
尿素	7
アンモニア	1.5
無機塩（Na^+、K^+、Ca^{2+}、Mg^{2+}、Cl^-、リン酸塩など）	18.5
糖類、その他	9

（出典：H.W.Spier,G.Pascher;Hautarzt,7,2(1956)）

フルボ酸入りの化粧水の効果

NMF の主成分は、アミノ酸とミネラルです。一般に、角質層のアミノ酸量が少ないと皮膚乾燥は大きく、水分が 10％以下になり、角質層は柔軟性を失って硬く脆くなり、ひび割れや落屑が生ずるといわれています。

角質層が正常な機能を果たし、健康な状態を保つには、10 ～ 20％の水分を含むことが必要とされています。

【図表105　研究開発中の化粧水】

　この皮膚の健康と美しさを保つためのフルボ酸入りの化粧水については、次のことがいえます。
① 保湿性を保つ
　皮膚の角質層が適度な水分保持をする天然保湿因子の主成分は、アミノ酸とミネラルです。フルボ酸に含まれるアミノ酸、ミネラル、有機酸、糖質は、天然保湿因子の養分を補い、水分保持に役立ち、保湿性を保つことができます。
② 潤い肌をつくる
　フルボ酸は、陽イオン交換容量が高いため、ミネラルを保持しながらアミノ酸、有機酸、ビタミン、生理活性物質を蓄えているので、皮膚に活性化栄養を与えて健康ないきいき肌と潤い肌をつくります。
③ 老化を防ぐ
　フルボ酸は、カルボキシル基などの官能基をもち、抗酸化性があるので、皮膚酸化を防ぎ、老化防止になります。
④ アトピー皮膚炎の治療に役立つ
　フルボ酸は、抗菌性があるため、皮膚に付着する病原菌を抑制して病気予防をします。また、アトピー皮膚炎で検出される黄色ブドウ球菌は、フルボ酸で消滅するので、アトピー皮膚炎の治療に役立つことになります。ちなみに、アトピー皮膚炎の原因は、抗体をつくりやすい素因によって炎症を起こ

し、その炎症のほとんどに黄色ブドウ球菌が検出されています。炎症反応は、アレルギー反応の惹起によって起こるもので、医学的な治療も困難な症状ですが、炎症部分の黄色ブドウ球菌抑制により、カユミ、赤みがとれた例や全治した例があります。

⑤ 皮膚老化を防ぐ

紫外線は、皮膚の酸化を進め、皮膚の内部にも活性酸素・フリーラジカルを発生させます。また、炎症でも、活性酸素・フリーラジカルを発生させます。フルボ酸の抗酸化性により紫外線や炎症反応の活性酸素・フリーラジカルを不活性にして、皮膚の酸化障害や老化などの皮膚変化を防ぐことができます。

⑥ 美白効果

フルボ酸による紫外線防御は、美白効果とスキンケアになります。

現状は関係者だけの使用に限定

フルボ酸入り化粧水は、一般の化粧水にフルボ酸を混合してもつくれます。しかし、混合する化粧水側にフルボ酸の官能基をキレート反応で消耗させる原因があると、フルボ酸の効果は得られません。

筆者は、フルボ酸とグリセリンを混合し、発酵・熟成させてフルボ酸入り化粧水をつくり、関係者だけが使用しています。販売はしていません。

この化粧水は、フルボ酸に含まれるアミノ酸、ミネラル、有機酸、糖類、ビタミン、ホルモンにグリセリンを加えて発酵・熟成することにより、これらの成分を増やして種々の効果をもたらすとともに、グリセリンの保湿効果も加わることになります。

現時点では関係者だけの使用に限定されますが、アトピー皮膚炎で完治した人、カユミと赤みが治った人、膠原病で一般品が使えないため使っている人、潤い・しっとり感がよく、肌の手入れはこれだけでよいと常用している人などさまざまですが、好評を得ています。

7　モール温泉

モール温泉はフルボ酸の植物性成分とミネラル成分を含む温泉

　温泉というと誰もが火山性温泉を思い浮かべますが、モール温泉とは腐植酸、フルボ酸の植物性成分とミネラル成分を含む温泉です。

　モール（Moor）とは、ドイツ語、英語でも湿原を意味します。腐植を含む泥炭を塗る入浴法はモール浴。腐植を含む泥炭を通って湧き出た茶褐色の温泉がモール温泉であり、体が温まり、植物性の天然保湿成分が含まれているので、美肌効果があるといわれています。

　これまでは、世界でもドイツのバーデンバーデンと北海道の十勝川温泉(図表106参照)の2か所しかないといわれていましたが、現在では国内でも多くのモール温泉が発見され、注目されつつあります。

【図表106　十勝川モール温泉】

(出典：十勝川温泉協同組合)

十勝川モール温泉

　十勝川モール温泉の源泉の地層は、池田層、大樹層とされています。腐植成分が多く含まれているのは、深度100 mの池田層からの43℃の単純温泉です。

　温泉地では、これに深度400 mの池田層、深度700 mの大樹層からの温泉を混合して使用しているといわれています。いずれもpH7.7～8.0の弱アルカリ性なので腐植酸、フルボ酸とも可溶化しています。

　3か所の源泉の色調は、図表107のとおりで、腐植酸、フルボ酸を多く含む源泉は黄褐色です。これら3か所の源泉を混合した温泉は、図表108に示したとおり、琥珀色をしています。

【図表107　十勝川モール温泉の泉源3箇所の色調】

【図表108　十勝川モール温泉（混合後）】

北海道中央部の南北約100km、東西約40kmの広さの十勝平野の地層は、100万年前～2,000万年前から海進と海退を繰り返し、粘土層、シルト層、砂層の堆積層を出現させました。これらの地層は、海成地層と陸成地層から成り、植物が堆積した泥炭層や海進期に堆積した貝殻片層などがあるため、腐植とミネラルが地層ごとに含まれています（図表109、110参照）。

【図表109　十勝平野の泥炭層】

【図表110　十勝平野の貝殻層】

(出典：図表109、110とも「十勝平野の下部更新統の堆積相と水理地質」高清水康博、岡孝雄著、地質学雑誌113巻（2007）)

7　モール温泉

十勝川温泉は、これらの地層を経過して腐植や化石海水を含む地下水が湧出して、温泉になっています。
　温泉が湧出する地層の概略は、図表111に示したとおりですが、池田層、糖内層、大樹層のいずれからも温泉が湧出しています。

【図表111　十勝平野の地層と地下水】

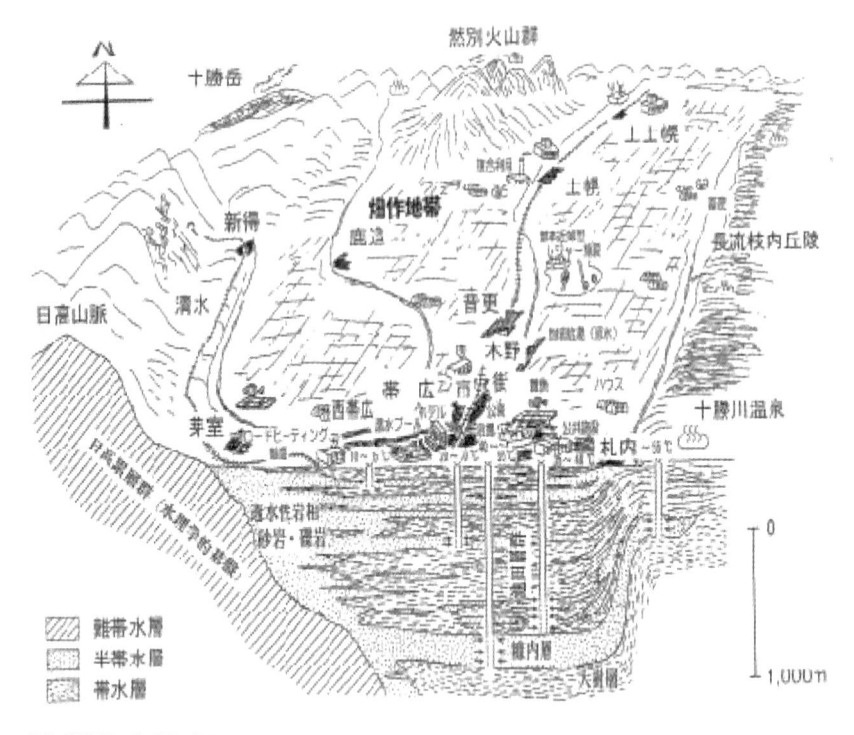

(出典：「十勝平野の下部更新統の堆積層と水理地質」高清水康博、岡孝雄著、地質学雑誌第113巻 (2007)、69頁)

　海面変動により海域堆積層と陸域堆積層が形成され、両堆積層の成分が地下水に含まれて湧出した温泉なので、植物性腐植とミネラルが適度に含まれているため、十勝川のモール温泉は体によい特色のある温泉といえます。

モール温泉に期待する効果と今後の調査・評価
　筆者は、腐植酸、フルボ酸の調査の一環として十勝川温泉の泉源調査も加えたいと考えて現地に入り、十勝川温泉協同組合の小島輝三さんの協力を得て、その地層の変遷を知ることができました。
　十勝平野は、海進期と海退期の繰返しで陸地は湿地、干潟となり、その逆

の変化もしてきました。その変遷により内湾堆積物、湿地堆積物、火砕流堆積物などの海成堆積層、陸成堆積層が積層形成されていったのです。

堆積層のうちの泥炭層は、主に粘土、植物有機物などから腐植を形成し、古い時代からの遺産として、モール温泉を受け継いだのです。

十勝川温泉は、モール温泉として北海道遺産に選定されていますが、北海道遺産とは「次の世代へ引き継ぎたい有形・無形の財産の中から、北海道民全体の宝物として選ばれたもの」とされています。

モール温泉は、十勝平野の立地と地層から湧出しているといえますが、最近は泥炭地の多い地域に腐植を含む温泉が全国各地で湧出しており、モール温泉はめずらしい存在とはいえなくなってきています。

モール温泉は、腐植を含み、天然保湿成分を多く含むため、肌がしっとりツルツルになる効果があるため、美人の湯といわれています。

筆者は、フルボ酸を家庭用浴槽に入れれば、前項の化粧水の項で述べたような効果が得られているところから、モール温泉でも同じ効果が得られるものと考えています。

【図表112　フルボ酸の注入でモール温泉に】

すなわち、天然保湿成分による保湿性、活性化物質によるいきいき肌と潤い、抗酸化性による皮膚の老化防止、抗菌性によるアトピー皮膚炎抑制などです。

筆者は、モール温泉に以上のような効果を期待していますが、実効については今後の調査と評判の推移を見守っていくのが最善であるとも思っていま

す。

　これまでに調べたフルボ酸は、抗酸化性、抗菌性、天然保湿性、生理活性化などの特性をもっているので、正しい利用方法を選べば、温泉や一般家庭の浴槽でも良好な効果を受けることができると考えられます。

【図表113　十勝温泉の直径18ｍ花時計】

【図表114　フルボ酸活用で花があふれる著者の庭】

おわりに

　四季の移り変わりに、日本人は名残りを感ずる人が多くいます。春の桜、秋の紅葉の盛りを楽しみながらも、花や紅葉の命に思い入れの念が湧き、いつくしむ気持ちになります。

　物事の移り変わりや動植物の命の変化に思い入れやいつくしむ気持ちが湧いてくるのは、人として大事なことです。

　農作物の収穫が不良で、病害虫被害が多くなってきた農業で、これまでどおりに化学肥料と農薬使用を続けていくのか。有機栽培農業にすると、時間をかけて堆肥を作らなければならないし、農作業の手間がかかります。作物による収入、農作業の手間、土の肥沃化と劣化、安全性などあれこれを考えて決断しなければなりません。

　これも四季があるから節々への思い入れができるのです。

　材木需要に応じて森林を伐採しました。伐採地は、禿山にしておく人がいます。一方、禿山では子孫に森林を残せませんから、禿山の表土流出、洪水などで周囲に大きい影響を及ぼすと考え、すぐに植栽する人がいます。伐採者は、森林の移り変わりに思いをめぐらし、周囲の環境を守ろうとしているのです。

　河川の氾濫を防ぐために堤防を強固なコンクリートつくりにすることを検討するとき、氾濫には強固な堤防がよいのは誰でもわかっています。

　河川の氾濫を防ぐには、コンクリート堤防が必要なのか、コンクリート堤防にしたら、周辺に魚の寄場がなくならないか、アシ、ヨシなどの水生植物がなくなり微生物が減り、河川の自浄作用が減らないか、子供の水遊び場がなくならないかなど、河川の堤防を変えるときには氾濫だけでなく、他のことにも思い入れをして良い堤防づくりをしようとします。

　日本人は、四季の移り変わりに名残りを感じ、思い入れやいつくしむ気持ちをもっています。この気持ちを社会の物事や動植物のいのちの移り変わりに思い入れといつくしみをもって当るだけで、よりよい社会環境をつくり、生物生態系を大事にすることができるのです。

　今、世界的に国土は表土流出、洪水、地下水汚染、砂漠化、湿地喪失などが進行しています。日本は水田があるので湿地喪失は免れていますが、表土流出などの問題があります。土壌侵食による表土流出は莫大な損害をその地域に与え、河川の表土流出では水質汚染、魚類や動植物への影響などの打撃

もあります。

　これらの問題の解決には、生物多様性の回復と生物多様化によって形成される腐植土づくりが担ってくれます。腐植土形成をすると、その地域の樹木は根張りや保水性をよくして、土壌侵食や洪水を防ぐことに役立ちます。

　地下水汚染は図表に示しましたが、土壌有機物・腐植に汚染源を吸収するので地下水汚染を減らすことができます。このような問題解決には、腐植を含む肥沃な土の国土づくりが大事なのです。

　これまでの世界各国の国土は、腐植が消耗しても不足分の有機物を補充してこなかったので、国土が荒廃して表土流出などが進行してきたのです。言い換えると国土の管理が不十分であったので、国土に故障が生じて国土の価値が低下してきたのです。

　ここで提案として、日本で発生している食品残渣と畜産糞の植物系廃棄物や草本、剪定樹木の廃棄物はすべて堆肥にし、農地、森林の土壌肥沃化のために供給したいのです。

　これらの廃棄物は、農業生産系の自然循環物資として土壌での循環バランスがとりやすいし、安全な物質です。農地を肥沃化することにより、健康な土で健康な作物を生産することができるのです。

　いま、農業は、自給率不足や世界各国からの自由化に耐えられる強い農業をつくらなければなりません。農業は、国家の基本でなければならないので、まず、廃棄物の資源化としての堆肥を利用して肥沃土づくりをして、価値ある作物を生産していくことから始めてはどうでしょうか。

　❼で海の漁場再生は、森林からのフルボ酸鉄によるので、森林回復が重要であると述べました。森林に堆肥を施用することは、森林が自然に落葉堆肥で肥沃化するのに比べて、早期に肥沃化になり、樹木の根の伸長を促すとともに樹木による保水量が増大することができます。

　これにより森林からの汚水流出が減るため、洪水が減り、根の伸長で表土流出も減ります。

　そして、森林の肥沃土から雨水とフルボ酸鉄が川を通過して海に流出することになります。この流出により、川と海の生物生態が活性化されて漁場が再生されるのです。

　堆肥づくりは、廃棄物の資源化に始まって、農地の肥沃化、森林の肥沃化で健康作物生産、表土流出防止、洪水防止、地下水汚染防止、海の漁場再生の効果を得ることができるのです。このことは、雇用促進、豊かな国土づくりになり国土価値があがることになります。堆肥づくりは、周囲に臭気問題

をもたらしますが、図表に示す無臭堆肥装置を設けて解決すればよいのです。

　堆肥による有機栽培農業は、食物の自然循環であって人々が習慣として自然循環を心がけて肥沃土づくりをすることが大事なのです。

　肥沃土に含まれる腐植（腐植酸とフルボ酸）は、有機物の自然循環の生物反応と腐植化反応でしか得ることができない資源であって、肥沃土からの農作物は健康食品であって、この農作物を食べると健康になります。また、フルボ酸を直接利用しても、種々の活性化作用が得られます。

　日本は、温暖で四季に恵まれています。このことは、四季に応じて動植物の移り変りを受けることができ、花鳥風月には楽しみが得られ、名残りを感ずることができるので、四季は資源ともいえます。

　四季の食物には、昔から「春はにがみ、夏は酢、秋はからみ、冬は油を心して食え」と食への教えもあるように多くの味覚を味わい、これらを心して食うことによって健康維持をしてきました。昔人の知恵です。四季と肥沃土と味覚と健康などをキーワードにした強い農業をつくって、工業の技術立国だけでなく、農業技術立国も日本に加えていきたいものです。

　筆者は、腐植土に関心を寄せはじめてから、腐植土は英語でヒューマス（humus）、腐植はヒューミック（humic substance）で人間のヒューマン（human being）と文字が似ているのが気になっています。人間は、多くの種族がいて、肌色、体型の違いもあり、手足があって、脳の判断で臨機応変に活動できます。

　ヒューマスの主成分である腐植酸とフルボ酸は、化学構造式が不定なので、体型の違いと受けとめられ、官能基という手足をもち、脳はありませんが、多くの特性をもって活動できます。フルボ酸は淡黄色なので、黄色系日本人と同様に有能な土壌資質といえます。

　ここに取り上げた有能な土壌資質は、環境と健康のために利用すると効果があるので、人々は大いにその特性を利用すべきです。そして、将来の人々のために、腐植土が不足しないように、腐植形成の資源づくりをしなければなりません。

　日本は、四季に恵まれ、森林では落ち葉があって、その落葉が自然循環で土に戻っていますが、その落葉だけの自然循環では循環資源が不足します。

　提案例のように、食品残渣などはもともと土から生まれてきたので、その残渣は堆肥にして土に戻してやらなければ、土壌系の収支サイクルが維持できません。人は、自然循環の恩恵で環境と健康が得られているので、自然を大事にしていきたいものです。

参考文献

土壌の物理・化学・生物性、「土壌・植物栄養・環境事典」、博文社（1998）
「最新土壌学」久馬一剛著、朝倉書店（1999）
「新土壌学」久馬一剛等著、朝倉書店（1989）
「図説　日本の植生」福島司、岩瀬徹著、朝倉書店（2005）
「浅水性湖沼、手賀沼の水質汚濁機構」立本英機、相川正美、石川秀雄著、千葉大学工学部研究報告44巻（第85号）（1992）
「土壌の基礎知識」前田正男、松尾嘉郎著、農山漁村文化協会（1999）
「土壌微生物の基礎知識」西尾道徳著、農山漁村文化協会（19）
「地球生態学」和田英太郎著、岩波書店（2004）
「唐比湿地の自然調査報告書」中西弘樹著、昭和堂（2003）
「土壌学の基礎」松中照夫著、農山漁村文化協会（2009）
「土壌有機物の化学」熊田恭一著、学会出版センター（2001）
「土壌有機物」M,M,コノノワ著、農山漁村文化協会（1977）
「腐植質脱臭法」（最新防脱臭技術集成）鈴木邦威著、エヌティーエス（1997）
「生物脱臭における腐植質の応用、臭気の研究」（24巻第3号）鈴木邦威著（1993）
「土壌の腐植質と腐植質脱剤の使用例、臭気の研究」（21巻第6号）鈴木邦威著（1990）
「佐久間敏雄、土と環境」那須淑子著、三共出版(1998)
「生物系廃棄物コンポスト化技術」木村俊範、中崎清彦著、シーエムシー（1999）
「有機栽培の基礎知識」西尾道徳著、農山漁村文化協会（1997）
「環境NGO」山村恒年著、信山社（1998）
「環境学」松尾友矩著、岩波書店（2001）
「先進国の環境問題と農業」服部信司著、富民協会（1993）
「BMW糞尿・廃水処理システム」長崎浩著、農山漁村文化協会（1993）
「農学・21世紀への挑戦」東京大学大学院農学生命科学研究所、世界文化社（2000）
"Protection against atypical Aeromonas salmonicida infection in carp by oral administration of humus extract"Kodama,H.Denso and Nakagawa,T,：J.Vet.Med.Sci.69.405-408（2007）
「病原体・感染・免疫」藤本秀士、日野郁子、小島夫美子著、南山堂（2008）
「標準微生物学」平松啓一、中込治著、医学書院（2009）
「抗菌剤の科学」西野奨、冨岡敏一、冨田勝己、小林晋著、工業調査会（1997）
「ボエフリアクター方式汚水処理場汚泥の脱水ケーキ利用」小川人士、片岡亜紀子、高崎宏寿、鈴木邦威、片岡勝己著、玉川大学農学部研究報告第36号（1996）
「環境保全に下水汚泥の資源利用」熊澤喜久雄著、日刊工業新聞（平成4年2月10日）
「バイオリアクター汚水処理場の脱水ケーキを生食トマト（桃太郎8）へ利用した事例について」（第32回日本下水道協会研究発表会講演資料）小川人士、鈴木邦威、片岡勝美著（1995）
「下水汚泥の農地・緑地利用マニュアル」下水汚泥資源利用協議会（1996）
「豚尿由来の液肥を利用した水稲での栽培方法の検討」萩原敬史著（未発表、2008）
『処理水は「宝の水」』（農業・集落排水事業担当者全国研修会テキスト）平井輝彦著（2003）
「汚泥の有効利用の展望と課題」（月刊生活排水）小川人士著（1998）
「バイオリアクター汚泥の芝生育に及ぼす効果の平成7年草地学会講演資料」小川人士、鈴木邦威等著（1995）
「汚泥還元実績検討会資料」東村（未発表、1997）
「腐植土を用いた汚水処理改善におけるBacillus属細菌の優占化について、防菌防黴誌」（27巻11号）、入江鎌三著(1999)

「ミミズと土と有機農業」中村好男著、創森社（2001）
「脳梗塞糖尿病を救うミミズの酵素」栗本慎一郎著、たちばな出版（2001）
「エンザイムの腐植土EZ—AFの補助飼料給餌実験」（エンザイム技術資料）
「生きている土壌」エアハルト・ヘニッヒ著（中村英司訳）、日本有機農業研究会（2009）
「農業聖典」アルバート・ハワード著（保田　茂訳）、日本有機農業研究会（2008）
「新化粧品学」光井武夫著、南山堂（2002）
「十勝平野の下部更新統の堆積相と水理地質」（地質学雑誌第113巻)高清水康博、岡孝雄
　著（2007）
「有機栽培の基礎知識」西尾道徳著、農山漁村文化協会（1997）
「腐植リアクターを用いた汚泥の減量化・改質化・無臭化」（エンザイム技術資料、
　資料番号　EZTDO 3K）
「腐植活性汚泥法による余剰汚泥削減の実施例」（エンザイム販売資料）
「土壌団粒」青山正和著、農山漁村文化協会（2010）
「微生物工学」永井和夫等著、講談社イエンティフィク（1996）

著者略歴

鈴木　邦威（すずき　くにたか）

1961年、中央大学工学部卒。荏原インフィルコ㈱（現・荏原製作所）入社後、東京大学応用微生物研究所研究生として生物工学の研究。その後、米国インフィルコ社と企業交流し、日米共同研究にて「表面バッキ装置ボルテアエアレータ」を開発。その後、下水処理、し尿処理、工場廃水処理、脱臭装置などのプラントを国内外約400件設計納入した。

1984年、腐植技術を知り、腐植質脱臭剤ボエフを開発。このボエフ開発において、「におい・かおり環境協会」の技術賞を受賞。

また、腐植技術の研究において博士号を取得。「におい・かおり環境協会」より臭気対策アドバイザー制度の創設と運営への尽力などで功労賞受賞。

荏原実業㈱専務取締役を経て、現在、エンザイム㈱代表取締役。

水処理から生物処理（微生物）までの実務技術と学術研究を双方向で実行し得る経験豊富なプロフェショナル・エンジニアである。

近年、余剰汚泥削減システム、環境保全型循環農業の推進により地球環境問題に全力をあげて取り組んでいる。

また、現在、自然摂理に即した腐植技術普及のため、「日本腐植技術研究所」を設立し、技術の集約を企画している。

エンザイム㈱代表取締役、玉川大学学術研究所特別研究員、技術士（水道部門）、農学博士、日本腐植技術研究所代表。

環境・健康改善の特効剤「腐植土・フルボ酸」の基本と応用

2011年3月14日　初版発行　　　2024年10月9日　第7刷発行

著　者　　鈴木　邦威　　Ⓒ　Kunitaka Suzuki

発行人　　森　忠順

発行所　　株式会社セルバ出版
　　　　　　〒113-0034
　　　　　　東京都文京区湯島1丁目12番6号 高関ビル5Ｂ
　　　　　　☎ 03（5812）1178　FAX 03（5812）1188
　　　　　　https://seluba.co.jp/

発　売　　株式会社創英社／三省堂書店
　　　　　　〒101-0051
　　　　　　東京都千代田区神田神保町1丁目1番地
　　　　　　☎ 03（3291）2295　FAX 03（3292）7687

印刷・製本　株式会社 丸井工文社

- 乱丁・落丁の場合はお取り替えいたします。著作権法により無断転載、複製は禁止されています。
- 本書の内容に関する質問はFAXでお願いします。

Printed in JAPAN
ISBN978-4-86367-044-0